TABLEAUX

POUR

RECONNAITRE LES MINÉRAUX,

AU MOYEN

D'ESSAIS CHIMIQUES SIMPLES PAR LA VOIE SÈCHE

ET PAR LA VOIE HUMIDE,

Par Fr. de Kobell ;

TRADUITS DE LA 2ᵉ ÉDITION ALLEMANDE,

PAR E. MELLY.

Berne & Coire,

JEAN-FÉLIX-JACQUES DALP.

1838.

PRÉFACE.

Les tableaux que je présente ici ont pour but d'aider à reconnaître les minéraux, de telle manière que l'on soit conduit promptement, par de simples essais, au moyen du chalumeau et de la voie humide, à un groupe, composé d'un petit nombre d'espèces, dans lequel se trouve le minéral quelconque que l'on désire déterminer. — Dans ce petit nombre d'espèces, on peut alors trouver les minéraux en question, au moyen des caractères chimiques; puis, si l'on recherche ensuite les propriétés physiques de l'espèce soupçonnée, dans quelque traité ou manuel de minéralogie, on se trouvera à même de vérifier ainsi complètement la justesse de la désignation. Je me suis surtout convaincu des avantages de cette méthode, par l'usage que j'en ai fait pendant plusieurs années dans l'enseignement pratique de notre université.—Il va sans dire que l'on doit être habitué à l'usage du chalumeau, ainsi qu'aux petites manipulations qui se composent de simples solutions ou précipitations. Quant à ces dernières, celles du moins qui sont nécessaires ici, chacun peut les effectuer sans difficulté, et, pour ce qui regarde les essais au chalumeau, nous avons dans l'ouvrage de M. Berzélius des instructions excellentes qui contiennent en détail tout ce dont l'on peut avoir besoin (1).

J'espère que ces tableaux seront de quelque utilité, surtout pour ceux qui ne peuvent pas se vouer complètement à l'étude essentielle de la minéralogie, mais qui se trouvent pourtant dans un cas tel, que la détermination des minéraux ait souvent quelque intérêt pour eux.

Quant à ce qui concerne les changemens qui font différer cette édition de la première, ils ont été amenés par la remarque que j'ai faite, que les commençans et les gens exercés mêmes, ne sont pas toujours en état de déterminer avec certitude si la présence de l'eau renfermée dans un minéral est essentielle ou accidentelle. C'est pour cette raison que j'ai basé ici les divisions principales sur un caractère qui tombe aisément sous les yeux, c'est-à-dire l'éclat métallique ou non métallique. Dans les cas douteux, je n'ai rangé dans

---

(1) L'ouvrage de M. Berthier sur les essais par la voie sèche, et celui de M. Rose sur l'analyse chimique, présentent, relativement à l'usage du chalumeau, des notes pleines d'intérêt. (*Note du Traducteur.*)

les minéraux pourvus de l'éclat métallique que
ceux qui sont en même temps complètement opaques, et je crois qu'ainsi l'on ne sera jamais dans
l'embarras pour la recherche des minéraux pourvus de l'éclat adamantin ou de l'éclat nacré métalloïde. Au reste, il n'est besoin que d'un ou
de deux essais au chalumeau et d'une expérience
quant à la solubilité dans l'acide hydro-chlorique, pour pouvoir, dans la plupart des cas, reconnaître un minéral tout-à-fait, indépendam-
ment de son éclat. L'on cherche dans les divisions : *Fusibles* ou *Infusibles*, les caractères des
groupes subordonnés , et le travail de recherche
n'est guère allongé. L'on a, par exemple, la *Yénite*, et l'on est dans le doute si le minéral appartient à ceux qui possèdent l'éclat métallique ou
à ceux qui ont l'éclat gras. L'on examine la conduite au chalumeau , et l'on trouve que ce minéral fond en une perle magnétique , sans développer de fumée , qu'il ne donne pas de sulfure
avec la soude, et qu'il donne une gelée avec l'acide
hydro-chlorique. La comparaison montre, sans
avoir besoin d'autre essai , que la substance ne
rentre pas dans les minéraux à éclat métallique,
et qu'elle se trouve dans les non-métalliques au
signe B. I) 5. c.) Mais comme la *Yénite* montre
un éclat gras métalloïde et est opaque, on la
trouve aussi indiquée dans les minéraux à éclat
métallique dans A. 6.), où elle doit être cherchée.

Pour la recherche, il est nécessaire de commencer toujours la comparaison par le premier groupe et de passer de là aux suivans, car quelquefois un minéral qui appartient au premier groupe, montre aussi les caractères d'un groupe subséquent, mais non pas l'inverse. On trouvera à la fin un résumé de toute la méthode. Les deux exemples suivans expliqueront du reste suffisamment l'usage de ces tableaux.

1ᵉʳ *exemple.* L'on a à reconnaître l'*Aluminite.* Le minéral n'a pas l'éclat métallique et est infusible. Il rentre donc sons la division II. C. Le caractère du premier groupe que l'on trouve ici se reconnaît, par la conduite au chalumeau du minéral mouillé de nitrate de cobalt. Un essai montre que le minéral appartient à ce groupe. Comme il donne beaucoup d'eau dans le matras, l'on est conduit à le chercher à l'article a). L'on trouve là que, parmi les minéraux cités, il n'y a que l'Alunit et l'Aluminite qui donnent un sulfure avec la soude. Notre minéral montre cette réaction et se trouve donc être l'un des deux. A l'Aluminite, l'on trouve qu'il est aisément soluble dans l'acide hydro-chlorique, mais à l'Alunit qu'il n'est que légèrement attaqué par cet acide. Un essai avec l'acide hydro-chlorique montre que le minéral est l'Aluminite. Pour les personnes qui sont plus accoutumées aux recherches chimiques, il existe un moyen facile de se procurer, sur la composition d'un minéral, des connaissances plus étendues qu'on ne l'a fait dans les caractères indiqués dans ces tableaux; car j'ai ajouté à côté de chaque espèce la formule chimique ou minéralogique. Ainsi l'on trouve à l'Aluminite la formule $\overset{...}{Al}\,\overset{..}{S} + 9\,\overset{.}{H}$ et l'on voit par-là que les parties constituantes essentielles de ce minéral sont l'Acide Sulfurique, l'Alumine et l'Eau; l'on peut donc entreprendre d'autres recherches et éclairer les précédentes.

2ᵉ exemple. L'on a à reconnaître le *Bunt kupfererz* (cuivre sulfuré ferrifère octaèdre). Ce minéral a l'éclat métallique et fond au chalumeau sans développer sensiblement de fumée, dans laquelle on puisse reconnaître au feu d'oxidation l'odeur d'acide sulfureux; d'où il suit qu'il doit se trouver dans la division I. A 5.). Les minéraux cités ici les premiers, ont pour caractère que leur dissolution nitrique partielle traitée par l'amoniaque en excès prend une couleur bleu-azurée, et que mouillés d'acide hydro-chlorique après les avoir fondus, ils colorent en beau bleu la flamme du chalumeau. Notre minéral montre cette propriété et appartient donc à cette division. La couleur le sépare facilement des autres minéraux de ce groupe.—Comme la couleur est caractéristique pour la plupart des minéraux à éclat métallique, on la trouvera citée à chacun d'eux , et l'on abrégera ainsi un grand nombre de recherches.

J'ai tâché d'esquisser et de ranger les groupes, non-seulement d'après les caractères les plus tranchés et les moins équivoques, mais aussi d'après ceux qui permettent de les retrouver le plus vite et le plus facilement possible. Le plus souvent, l'on cite à chaque espèce minérale plus de caractères chimiques que l'on n'en trouvera d'indiqués ici , mais j'ai choisi seulement ceux qui me paraissent les plus importans, et j'ai renvoyé les autres à mon traité des *Caractères des minéraux* , qui contient des détails suffisans là-dessus. Dans le cas où l'on pourrait être mal conduit en quelque manière, j'ai cherché à donner dans les notes les éclaircissemens nécessaires et à renvoyer aux espèces confondues ensemble.

Je dois encore faire observer que l'essai des minéraux, quant à leur fusibilité , ne doit pas se faire sur le charbon seulement , mais aussi sur la pince , et que , surtout pour les minéraux réfractaires , l'on doit employer pour pièce d'essai de très-minces éclats. L'on peut facilement regarder comme infusible un minéral dont on aurait traité des morceaux émoussés , tandis qu'il se fond très-bien lorsqu'on le prend en éclats très-minces. Pour pouvoir observer si un minéral communique à la flamme quelque coloration , il est nécessaire de produire en soufflant une bonne flamme dans laquelle la partie bleue soit bien visible.

Pour reconnaître la présence de l'eau, l'on prend des cristaux ou des morceaux émoussés environ de la grosseur de la moitié d'un pois. Au lieu d'un matras de verre, l'on peut aussi se servir d'un tube de verre ouvert (de cinq pouces de long). L'on place dedans la pièce d'essai, et l'on souffle dessus au dehors. L'eau se rassemble en gouttes des deux côtés de la pièce dans la partie froide du tube.

Pour les essais de dissolution, il faut broyer le minéral en poudre aussi fine que possible dans un mortier d'agathe et employer un acide concentré s'il ne produit pas d'effet lorsqu'il est étendu. Le mieux est de se servir pour cela d'un petit tube à digestion que l'on peut chauffer sur la lampe à esprit-de-vin. — Les minéraux qui sont de la dureté du quartz, ou plus durs, ne sont point décomposés de suite par l'acide hydro-chlorique.

Il n'est pas besoin d'observer que l'on ne peut produire une réaction sûre que sur des matériaux bien purs. Si l'on croit avoir affaire à un minéral qui ne soit pas tout-à-fait pur, il faut avoir égard à l'endroit d'où il vient et aux corps qui l'entouraient, et juger par-là des réactions. Ainsi, par exemple, quelquefois la Wollastonite fait effervescence avec les acides, ou réagit d'une manière alkaline après avoir été chauffée au rouge, quoique ces réactions ne lui soient pas essentielles. La cause de cette réaction tient au calcaire qui s'y trouve mélangé.

L'on trouve marquées dans ces tableaux presque toutes les espèces minérales qui sont bien déterminées jusqu'à présent, et de la conduite chimique desquelles j'ai pu prendre connaissance, soit par mes propres expériences, soit par les rapports dignes de foi d'autres personnes.

Munich , janvier 1835.

I.

MINÉRAUX AVEC ÉCLAT MÉTALLIQUE (1).

On n'a compris dans cette division, d'entre les minéraux à état imparfaitement métallique, que ceux qui sont

(1) Malgré tous les soins et toute l'attention que j'ai prodigués à ce petit ouvrage, la synonymie des espèces allemandes et françaises étant quelquefois assez difficile à établir, il se sera peut-être glissé quelques erreurs à cet égard.
Mais ces erreurs, dans tous les cas, fort peu nombreuses,
n'auront aucun effet fâcheux, par le fait de la formule
minéralogique ou chimique qui accompagne chaque espèce
et qui guidera toujours celui que le nom de l'espèce pourrait embarrasser.

La méthode entière était résumée à la fin de l'ouvrage,
j'ai fait de ce résumé un tableau synoptique, que l'on consultera, je crois, avec quelque avantage.

L'on trouvera de plus, ci-joint, une liste des réactifs que
l'on devra posséder bien purs pour répéter les divers essais
contenus dans cet ouvrage, ainsi que l'ordre relatif des
substances qui servent de point de comparaison pour la
dureté.

Réactifs pour la voie humide.

Acide sulfurique.

Acide nitrique.

Acide hydro-chlorique.

Acide hydro-chloro-nitrique.

en même temps opaques, comme, par exemple, le Wolfram, le Fer chromate, etc.....

Les minéraux suivans se distinguent aisément des autres
par leurs propriétés physiques :

Mercure natif Hg , liquide à la température ordinaire ,
couleur blanc d'étain.

Argent natif Ag , blanc d'argent , complètement ductile
et malléable , facilement soluble dans l'acide nitrique ; la
dissolution donne , avec l'acide hydro-chlorique , un précipité blanc caillebótté , qui change promptement de couleur à la lumière solaire , et devient d'abord gris-violet ,
puis noir.

Sulfate de fer.
Carbonate de potasse.
Potasse caustique.
Silicate de potasse.
Nitrate de barite.
Chlorure de chaux.
Ammoniaque.
Chlorure de barium.

Barreau de zinc.
Nitrate d'argent.
Acétate de plomb.
Alcohol.
Chlorure de platine.
Carbonate d'ammoniaque.
Nitrate de cobalt.

Réactifs par le chalumeau.

Borax.
Carbonate de soude sec.
Sel de phosphore.
Nitrate de potasse.

Deutoxide de cuivre.
Papiers réactifs.
Bi. Sulfate de potasse.

Tableau de dureté.

1. Talc.
2. Gyps ou sel gemme.
3. Chaux carbonatée.
4. Chaux fluatée.
5. Chaux phosphatée.

6. Feldspath.
7. Quartz.
8. Topaze.
9. Corindon.
10. Diamant.

(*Note du traducteur.*)

Or natif Au et *Or argental* Ag + x Au , possédant plus ou moins la couleur jaune de l'or , complètement ductile et malléable. L'Or natif n'est soluble que dans l'acide hydro-chloro-nitrique , et cela sans résidu sensible. L'Or argental est attaqué, en tout ou en partie, par l'acide hydro-chloro-nitrique , avec séparation de chlorure d'argent. La dissolution de chacun des deux, donne avec le sulfate de fer un précipité brun-rougeâtre d'or, qui prend par le frottement l'éclat métallique et la couleur de l'or.

Cuivre natif Cu , couleur rouge de cuivre , ductile et malléable , soluble dans l'acide nitrique et donnant un liquide bleu de ciel.

Plomb natif Pb , couleur gris de plomb , ductile et malléable ; aisément fusible au chalumeau , donnant de la fumée et laissant sur le charbon un dépôt jaune-verdâtre ; aisément soluble dans l'acide nitrique.

Platine natif Pt et *Palladium* Pd, tous deux ductiles et malléables, tous deux infusibles. Le Platine a une couleur gris d'acier ; il n'est pas attaqué par l'acide nitrique , mais bien par l'acide hydro-chloro-nitrique. Le Palladium varie du gris d'acier au blanc d'argent ; il est dissous par l'acide nitrique , mais plus aisément par l'acide hydro-chloro-nitrique. La dissolution de Platine donne avec le carbonate de potasse un précipité jaune , tandis que celle de Palladium n'en donne pas.

Fer natif F, malléable et ductile, éclat variant du blanc d'argent au gris d'acier , fortement magnétique , infusible, aisément soluble dans l'acide hydro-chlorique.

Les autres minéraux doués de l'éclat métallique forment les groupes suivans :

${-}$ 14 ${-}$

A. *Fusibles ou aisément volatils.*

—————

1° *Dégageant au chalumeau, sur le charbon, une odeur fortement aillacée d'arsenic.*

Arsenic natif et *Arséniure de bismuth* = As, se volatilisent au chalumeau, sans se fondre, et donnent, en se sublimant dans le matras, un dépôt métallique blanc-grisâtre-cristallin. L'Arséniure de bismuth s'emflamme aisément au chalumeau et continue à brûler sans que l'on souffle davantage ; il répand une fumée grisâtre arsenicale et s'entoure d'acide arsénieux cristallin. L'Arsenic natif, éloigné de la flamme du chalumeau, ne continue pas à brûler.

$$\text{\textit{Cuivre gris} (Arsénical.)} = \overset{1}{Fe^4} \left\{ \begin{matrix} \overset{111}{As} \\ \overset{111}{Sb} \end{matrix} \right. \overset{1}{Zn^4} + 2\, \overset{1}{Cu^4} \left\{ \begin{matrix} \overset{111}{As} \\ \overset{111}{Sb} \end{matrix} \right. \quad \textit{Polybasite} \quad \overset{1}{Ag^9} \left\{ \overset{111}{Sb} \right. \overset{1}{Cu^9} \left\{ \overset{111}{As} \right.$$

fondus au chalumeau sur le charbon, puis mouillés d'acide hydro-chlorique, ils communiquent à la flamme une belle couleur bleue. Après avoir été bien grillés, le Cuivre gris donne, mais difficilement, avec le borax et la soude un grain de cuivre; le Polybasite en donne un d'argent qui, par la fusion avec le borax, est visiblement sans cuivre. La dissolution nitrique partielle de Cuivre gris ne donne, avec l'acide hydro-chlorique, aucun précipité de chlorure d'argent, ou du moins s'il s'en forme un il est très-faible, tandis que celle de Polybasite en donne un très-abondant. La dissolution de potasse sépare de chacun d'eux du sulfure d'arsenic (ou du sulfure d'antimoine) qui, par l'addition de l'acide hydro-chlorique, se précipite en flocons jaune-citron. (Si le sulfure d'antimoine domine , les flocons sont rouge-jaunâtres.) Le Cuivre gris a une couleur gris d'acier, le Polybasite est noir de fer. Quant à la dureté, le premier est entre la chaux carbonatée et la chaux fluatée , tandis que le dernier est entre le sel gemme et la chaux carbonatée.

Cobalt arsénical $=$ Co As^a et *Cobalt gris* $=$ Co As^a $+$ Co S^a. Ils donnent tous, quoiqu'en très-petite quantité, une belle coloration bleu-saphir au verre de borax. Solubles dans l'acide nitrique concentré avec dépôt d'acide arsénieux. La dissolution très-étendue est colorée en bleu de ciel par l'addition du silicate de potasse , ou bien elle donne un précipité bleu. Le nitrate de baryte donne dans la dissolution de Cobalt gris , un précipité abondant ; elle n'en donne pas, ou un très-léger seulement, dans celle du cobalt arsénical. La couleur du cobalt arsénical est le blanc d'étain ou gris d'acier , celle du Cobalt gris est le blanc d'argent rougeâtre. Comparez les suivans :

Nickel arsénical $=$ Ni As et *Arsénio-sulfure de nickel* $=$ Ni S^a $+$ Ni As^a , donnent avec l'acide nitrique une dissolution vert-pomme, avec séparation d'acide arsénieux et de soufre. Si l'on ajoute à celle-ci une dissolution de chlorure de chaux, jusqu'à ce qu'il commence à se déposer un précipité, et qu'on précipite alors avec l'ammoniaque en excès , l'on obtient ainsi une liqueur bleu-sapbir. La potasse et le silicate de potasse produisent dans la dissolution un précipité verdâtre. Le nitrate de baryte donne , dans la dissolution de l'Arsenio-sulfure de nickel, un précipité abondant , mais dans celle du Nickel arsénical , elle n'en produit aucun. — Ces deux minéraux donnent ordinairement au chalumeau la réaction du cobalt. — La couleur du Nickel arsénical est le rouge du cuivre clair; celle de l'Arsenio-sulfure est le gris de plomb clair , se rapprochant du blanc d'étain. Comparez le Nickel arsénical-antimonifère. 4.

Fer arsénical =Fe S^a + Fe A^a, donne au chalumeau, dans le matras, un sublimé d'arsenic métallique, et donne en fondant une boule noire qui devient magnétique après avoir soufflé long-temps dessus. Il est soluble dans l'acide nitrique , avec séparation de soufre et d'acide arsénieux. La dissolution donne, avec l'ammoniaque et la potasse, un précipité jaune-rougeâtre. Il donne au verre de borax la couleur verte de l'oxide de fer. Il est , dans la cassure fraîche, blanc d'argent un peu grisâtre.

2° *Les suivans , chauffés au chalumeau sur le charbon ou dans un tube ouvert, dégagent une forte odeur de raifort due au Sélénium.*

Séléniure de Mercure = Hg Se^x et *Séléniure d'argent et de plomb* = 3 Pb Se + Hg Se, donnent dans le matras avec la soude du mercure métallique. Le Séléniure d'argent et de plomb donne, avec la soude sur le charbon, de petits grains de plomb; le Séléniure de mercure n'en donne pas. Tous deux se volatilisent facilement; le Séléniure de mercure en fondant , l'autre déjà avant de fondre. La couleur du premier est entre le gris d'acier et le gris de plomb noirâtre , celle du dernier est le gris de plomb.

Séléniure de plomb = Pb Se , se volatilise en grande partie au chalumeau sans fondre, et forme sur le charbon un dépôt qui au commencement est gris légèrement métallique, puis ensuite blanc et jaune-verdâtre. Il donne avec la soude beaucoup de grains de plomb. Couleur gris de plomb.

Séléniure d'argent $=$ Ag Se, fond avec facilité et tranquillement dans la flamme extérieure , avec écumes dans l'intérieure, et donne avec le borax et la soude un grain d'argent pur. Soluble dans l'acide nitrique concentré. La dissolution donne avec l'acide hydro-chorique un précipité abondant de chlorure d'argent. Couleur noir de fer.

Séléniure de cuivre $=$ Cu* Se, *Séléniure de plomb et de cuivre* $=$ Pb Se $+$ Cu Se et *Eukairite* $=$ Cu^2 Se $+$ Ag Se fondent sur le charbon et donnent un grain métallique qui, mouillé d'acide hydro-chlorique, colore la flamme en beau bleu. Ils sont solubles dans l'acide nitrique ; la dissolution, traitée par l'ammoniaque en excès, prend une couleur bleu-azurée. La dissolution d'Eukairite donne avec l'acide hydro-chlorique un précipité abondant de chlorure d'argent ; celle du Séléniure de plomb et de cuivre donne avec l'acide sulfurique un précipité de sulfate de plomb ; celle du Séléniure de cuivre ne donne de précipité ni avec l'un ni avec l'autre de ces acides. La couleur du Séléniure de cuivre est le blanc d'argent ; celle de l'Eukairite et du Séléniure de plomb et de cuivre est le gris de plomb.

Comparez les groupes suivans :

3° *Les minéraux suivans donnent au chalumeau, dans le tube ouvert, un dépôt blanc ou grisâtre qui fond en gouttes incolores, lorsque l'on chauffe le tube à la place où est le dépôt.*

Les combinaisons de Tellure se distinguent, par cette manière d'agir, des combinaisons de Sélénium et d'Antimoine. Plusieurs d'entre elles dégagent au chalumeau l'odeur du sélénium provenant de la présence accidentelle d'un peu de sélénium. Le dépôt qu'ils donnent sur le charbon, colore d'une manière très-visible la flamme de réduction en vert ou bleu-verdâtre, tandis que le dépôt d'oxide d'antimoine ne lui communique qu'une faible couleur bleuâtre.

Les minéraux de tellure peuvent se diviser en deux groupes d'après la couleur.

a.) Les suivans sont blanc d'étain où blanc d'argent :

Tellure natif $=$ Te ; il fond aisément au chalumeau, se laisse chasser en entier par l'insufflation, fume fortement, et brûle avec une flamme verdâtre. Il est soluble sans résidu dans l'acide nitrique. La dissolution donne avec la potasse un précipité blanc soluble en grande partie dans un excès. Les acides hydro-chlorique et sulfurique n'y produisent aucun précipité sensible. Sa couleur varie du blanc d'étain au blanc de plomb.

Tellurure d'argent$=$Ag Te et *Tellurure de plomb* $=$ Pb Te, sont solubles sans résidu dans l'acide nitrique. La dissolution de Tellurure d'argent avec excès d'acide nitrique ne donne pas de précipité avec l'acide sulfurique, tandis que celle de Tellurure de plomb en donne un abondant. La première donne au chalumeau avec la soude un grain d'argent. Le Tellurure d'argent est malléable, le Tellurure de plomb est tendre, mais non pas malléable. Couleur blanc d'étain.

Tellure blanc $=$ Te, Au, Pb, Ag, est en grande partie soluble dans l'acide nitrique avec séparation d'or. La dissolution donne avec l'acide hydro-chlorique un précipité de chlorure d'argent ; avec l'acide sulfurique , un précipité de Sulfate de plomb. Sa couleur tient du blanc d'argent et du jaune de citron. Aigre.

b.) Les suivans sont gris de plomb ou gris d'acier.

Tétradymit $=$ Bi S $+$ Bi Te^2 ; il fond aisément au chalumeau et donne une boule métallique aigre blanc d'argent. Il est facilement soluble dans l'acide nitrique avec séparation d'un peu de soufre. La dissolution ne donne pas de précipité avec les acides sulfurique et hydro-chlorique ; mais avec la potasse elle en donne un blanc insoluble dans un excès. Gris de plomb clair. Un peu flexible en lames minces.

Tellure auro-argentifère $=$ Ag Te $+$ 3 Au Te^3, fond aisément au chalumeau et donne par une insufflation prolongée un grain métallique malléable. Incomplètement soluble dans l'acide nitrique , soluble dans l'acide hydrochloro-nitrique , avec séparation de chlorure d'argent. La dissolution ne donne pas de précipité avec l'acide sulfurique. Gris d'acier clair.

Tellure auro-plombifère $=$ Pb Te $+$ xAu^2 Te^3 , fond aisément au chalumeau et donne par une insufflation longtemps prolongée un grain métallique malléable. Soluble facilement et en grande partie dans l'acide hydro-chloronitrique. La dissolution donne avec l'acide sulfurique un précipité abondant de sulfate de plomb. Gris de plomb noirâtre. Comparez aussi le Sulfure de plomb cuivreux 5.

4° Les suivans dégagent au chalumeau une fumée épaisse d'antimoine.

La fumée est presque inodore ou s'approche un peu de

l'acide sulfureux ou de l'acide arsénieux faible , par la présence accidentelle de l'arsenic dans le minéral. En même temps qu'elle se dégage par la première impression de la chaleur , elle forme sur le charbon un dépôt d'un blanc pur , et le sublimé déposé dans le tube de verre disparaît en chauffant au rouge, sans fondre en gouttes.

Antimoine natif $=$ Sb, *Antimoine sulfuré* $=\overset{\text{iii}}{\text{Sb}}$, *Zinkénite* $=\overset{\text{i}}{\text{Pb}}\overset{\text{iii}}{\text{Sb}}$, *Jamésonite* $=\overset{\text{i}}{\text{Pb}}{}^3\overset{\text{iii}}{\text{Sb}}{}^2$, et *Bournonite* $=\overset{\text{i}}{\text{Cu}}{}^3\overset{\text{iii}}{\text{Sb}}+2\overset{\text{i}}{\text{Pb}}{}^3\overset{\text{iii}}{\text{Sb}}$; ils se volatilisent complètement au chalumeau , ou bien peuvent être en grande partie enlevés en soufflant (1).

L'Antimoine natif se distingue déjà des autres par sa couleur blanc d'étain. Chauffé fortement au chalumeau, il continue à brûler long-temps sans que l'on souffle davantage , puis se recouvre d'aiguilles blanches d'oxide.

L'Antimoine sulfuré réduit en poudre est aussitôt coloré en jaune d'ocre , par une dissolution concentrée de potasse et est alors en grande partie soluble. La dissolution est précipitée par l'acide hydro-chlorique en flocons jaunes. Sa couleur est entre le gris de plomb et le gris d'acier.

La Zinkénite, la Jamésonite et la Bournonite sont d'une couleur gris d'acier. Réduits en poudre et mis en digestion avec la dissolution de potasse, ces minéraux ne changent pas de couleur; mais pour la Zinkénite et la Bournonite, la dissolution en sépare du sulfure d'Antimoine qui est précipité par l'acide hydro-chlorique en flocons jaune-rougeâtres ou orangés. La Zinkénite et la Jamésonite sont oxidés par l'acide nitrique et changés en une poudre blanche , sans

---

(1) Comparez le Bismuth natif et le Bismuth sulfuré 6 et 5.

qu'il s'en dissolve beaucoup et sans que l'acide ait acquis aucune coloration. Avec la Bournonite on obtient une dissolution partielle bleu de ciel qui donne avec l'acide sulfurique un précipité blanc de sulfate de plomb, et qui avec l'ammoniaque en excès prend une couleur bleu d'azur. La Zinkénite est pour la dureté, entre la chaux carbonatée et la chaux fluatée, et n'est pas clivable. La Jamésonite est entre le sel gemme et la chaux carbonatée, et de plus elle est très-bien clivable dans une direction.

Antimoniure d'argent $= \mathrm{Ag}^2\,\mathrm{Sb}$, *Sprödglaserz* $= \overset{\text{iii}}{\mathrm{Sb}} + 6\,\overset{\text{i}}{\mathrm{Ag}}.$

$$\text{\textit{Cuivre gris argentifère} (1)} = \left.\begin{matrix}\overset{\text{i}}{\mathrm{Zn}}4\\[2pt]\overset{\text{i}}{\mathrm{Fe}}4\end{matrix}\right\}\overset{\text{iii}}{\mathrm{Sb}} + 2\,\left.\begin{matrix}\overset{\text{i}}{\mathrm{Ag}}4\\[2pt]\overset{\text{i}}{\mathrm{Cu}}4\end{matrix}\right\}\overset{\text{iii}}{\mathrm{Sb}} \quad\text{et}\quad \textit{Myargyrit}$$

$= \overset{\text{i}}{\mathrm{Ag}}\,\overset{\text{iii}}{\mathrm{Sb}}$; ils donnent au chalumeau avec la soude, ou avec le borax et la soude mélangés un grain d'argent ductile. L'Antimoniure d'argent a une couleur blanc d'argent, il ne donne aucun sulfure avec la soude et n'est pas attaqué par la dissolution de potasse. Les suivans donnent un sulfure avec la soude, et la potasse liquide en sépare du sulfure d'Antimoine qui est précipité par l'acide hydro-chlorique en flocons jaune-orangés. Les dissolutions nitriques partielles de Sprödglaserz et de Myargyrit, traitées par l'ammoniaque en excès ne se colorent pas en

---

(1) L'on doit placer aussi ici un certain Cuivre gris, pauvre en argent (cuivre gris antimonial). Celui-ci se distingue de ceux qui sont riches en argent par le précipité beaucoup plus faible que l'acide hydro-chlorique produit dans la dissolution nitrique.

bleu, ou bien ne le font que très faiblement ; celle du Cuivre argentifère prend au contraire une belle couleur bleu
d'azur. La couleur du Sprôdglaserz varie du noir de fer
au gris noirâtre, le trait en est noir ; celle du Myargyrit
varie du noir de fer au gris d'acier clair, le trait est
rouge cérise foncé ; celle du Cuivre gris argentifère varie
du gris d'acier au noir de fer, le trait est noir grisâtre.
Le Sprôdglaserz et le Myargyrit se trouvent pour la dureté
entre le sel gemme et la chaux carbonatée. Le Cuivre gris
argentifère est entre la chaux carbonatée et la chaux
fluatée.

Comparez aussi l'Argent sulfuré antimonié brun. II.
B. I) 1.

Nickel arsénical antimonifère $=$ Ni S$^\bullet$ $+$ Ni Sb$^\bullet$. *Antimoniure de Nickel* $=$ Ni Sb et *Berthiérite* $=$ $\overset{1}{Fe^3}$ $\overset{III}{Sb^\bullet}$; ils
donnent une boule magnétique après une fusion soutenue
sur le charbon. L'Antimoniure de Nickel est très-réfractaire, l'acide hydro-chlorique l'attaque légèremeut, l'a-
cide nitrique le dissout avec facilité et entièrement. La
couleur varie du rouge de cuivre clair au violet. Le Nickel arsénical antimonifère est facile à fondre, l'acide hydro-chlorique l'attaque peu, l'acide nitrique le dissout avec
séparation de soufre (1). Sa couleur varie du gris de plomb
au gris d'acier. La Berthiérite fond facilement et se dissout
aisément et en entier dans l'acide hydro-chlorique avec

---

(1) Au reste, les solutions d'antimoniure de Nickel et de
Nickel arsénical antimonifère, se conduisent avec l'ammoniaque, comme nous l'avons indiqué à l'article I au Nickel arsénical.

dégagement d'hydrogène sulfuré. Sa couleur est du gris d'acier foncé au brunâtre.

5° *Les suivans donnent sous le chalumeau un sulfure avec la soude, et ne possèdent pas les caractères généraux énoncés dans les numéros précédens.*

Cuivre sulfuré $= \overset{1}{\text{Cu}}$, *Sulfure d'argent et de Cuivre* $= \overset{1}{\text{Cu}}\,\overset{1}{\text{Ag}}$, *Etain sulfuré cuprifère* $= \overset{1}{\text{Cu}}\,\overset{1}{\text{Sn}}$, *Sulfure de Cuivre et de Bismuth* $= \overset{1}{\text{Cu}}{}^{3}\,\overset{\text{iii}}{\text{Bi}}$, *Cuivre pyriteux jaune* $= \overset{1}{\text{Cu}}\,\overset{\text{iii}}{\text{Fe}}$, *Sulfure de Cuivre ferrifère* $= \overset{1}{\text{Fe}}\,\overset{1}{\text{Cu}}{}^{2}$, *Sulfure de plomb cuivreux* $= \overset{1}{\text{Cu}}\,\overset{1}{\text{Bi}} + 2\,\overset{1}{\text{Pb}}\,\overset{1}{\text{Bi}}$; ils donnent avec l'acide nitrique une dissolution partielle bleue ou verte, qui, traitée par l'ammoniaque en excès, prend une couleur bleu d'azur. Fondus au chalumeau, sur le charbon, puis ensuite humectés d'acide hydro-chlorique, ils donnent à la flamme une couleur bleue. Parmi ces minéraux, le Cuivre pyriteux jaune et le Sulfure de Cuivre ferrifère sont faciles à distinguer par leur couleur. La couleur du Cuivre pyriteux est le jaune de laiton, celle du sulfure de cuivre ferrifère est le rouge de cuivre tirant sur le jaune. Tous les deux fondent au chalumeau et donnent une boule cassante gris d'acier qui est attirable à l'aimant. Pour distinguer les autres dont la couleur est grise, l'on traite successivement la dissolution nitrique partielle de chacun par l'eau, l'acide hydro-chlorique et l'acide sulfurique. L'eau ne donne de précipité que dans le Sulfure de cuivre et de Bismuth ; l'acide hydro-chlorique ne donne un précipité abondant de chlorure d'argent que dans le Sulfure d'argent et de cuivre, et l'acide sulfurique ne donne de précipité de sulfate de plomb que dans le Sulfure de plomb cuivreux. Le Sulfure de cuivre et de bismuth est gris de plomb clair passant au gris d'acier ; le Sulfure d'argent et de cuivre est gris de plomb noirâtre ; le Sulfure de plomb cuivreux est gris d'acier. Les dissolutions de Cuivre sulfuré et d'Etain sulfuré cuprifère ne donnent pas de précipité avec les réactifs mentionnés. Le Cuivre sulfuré traité seul sur le charbon donne après une insufflation prolongée un grain de cuivre malléable, et est soluble dans l'acide nitrique avec dépôt de soufre. Sa couleur varie du gris de plomb noirâtre au gris d'acier. L'Etain sulfuré cuprifère traité seul au chalumeau ne donne pas de grain métallique malléable et se dissout dans l'acide nitrique avec séparation de soufre et d'oxide de zinc. La couleur varie du gris d'acier au jaune de laiton.

Sulfure de Nickel $= \overset{\text{\tiny i}}{Ni}$, *Sulfure de Cobalt* $= \overset{\text{\tiny iii}}{Co}$, *Fer sulfuré jaune* $= \overset{\text{\tiny i}}{Fe}$, *Pyrite magnétique* $= \overset{\text{\tiny ii}}{Fe} + 6 \overset{\text{\tiny i}}{Fe}$ et *Sternbergite* $= Ag\,S + 3\,Fe\,S^2 + Fe\,S^4$, ils fondent au chalumeau et donnent une boule qui agit sur l'aiguille aimantée et qui, mouillée d'acide hydro-chlorique, ne donne à la flamme aucune coloration visible. La dissolution nitrique partielle n'est point colorée en bleu. Le Sulfure de cobalt donne au verre de borax une coloration bleu saphir. Il est facilement et en entier soluble dans l'acide nitrique. La dissolution donne avec le silicate de potasse un précipité bleu saphir, avec l'hydro-chlorate de baryte un précipité blanc. Sa couleur est entre le blanc d'étain et le gris d'acier clair. La Sternbergite se réduit en partie sous le chalumeau en argent métallique. La dissolution nitrique partielle donne avec l'acide hydro-chlorique un précipité abondant de chlorure d'argent. Il est brun-tombac foncé.

Le Fer sulfuré jaune et la Pyrite magnétique ne donnent au chalumeau que les réactions du fer et du soufre. Le Fer sulfuré (1) avant d'avoir été fondu n'agit pas sur l'aiguille aimentée et n'est que légèrement attaqué par l'acide hydro-chlorique. Sa couleur est jaune de speiss. La Pyrite magnétique agit d'elle-même sur l'aiguille aimantée et est en grande partie soluble dans l'acide hydro-chlorique avec dégagement d'hydrogène sulfuré. Sa couleur varie du jaune de speiss au rouge de cuivre et passe ordinairement au brun tombac. Le Nickel sulfuré n'est que légèrement attaqué par l'acide nitrique. Avec l'acide hydro-chloronitrique l'on obtient une dissolution verdâtre, dans laquelle la potasse produït un précipité verdâtre. Il est jaune de laiton tirant sur le jaune de speiss, et n'a été trouvé jusqu'ici qu'en cristaux capillaires.

Sulfure de Bismuth $= \overset{\text{\tiny III}}{\text{Bi}}$; il fond au feu de réduction en cuisant et rejaillissant, donne une boule de Bismuth et laisse sur le charbon un dépôt jaunâtre. Il est soluble dans l'acide nitrique avec dépôt de soufre. La dissolution se trouble par l'addition de l'eau et donne un précipité blanc. Sa couleur est le gris de plomb tirant sur le gris d'acier.

Plomb sulfuré $= \overset{\text{\tiny I}}{\text{Pb}}$; il peut être aisément réduit sous le chalumeau en plomb métallique, en même temps le charbon se couvre d'un dépôt verdâtre. Soluble dans l'acide

---

(1) Les deux Fer sulfuré, le Rhomboïdal et le Cubique ne peuvent se distinguer que par la cristallisation. Ils sont décomposés par l'acide nitrique.

nitrique avec dépôt de soufre et de sulfate de plomb. Le zinc plongé dans la dissolution précipite du plomb métallique. Sa couleur est le gris de plomb.

6° *Il faut y ajouter encore l'*Amalgame, *le* Bismuth natif, *le* Wolfram *et le* Silicate de manganèse noir.

Amalgame $=$ Ag Hg², Ag Hg³; il donne en cuisant et jaillissant, du mercure métallique lorsqu'on le chauffe au chalumeau dans le matras, et il reste une masse d'argent gonflée. Aisément soluble dans l'acide nitrique. Blanc d'argent.

Bismuth natif $=$ Bi; il est très-fusible; il ne continue pas à brûler lorsqu'on le sort de la flamme; il disparaît en soufflant long-temps, et laisse sur le charbon un dépôt blanc au commencement, puis à la fin orangé ou jaune, couleur qui pâlit un peu par le refroidissement. Chauffé dans un tube de verre, il ne donne presque pas de fumée et le métal s'entoure d'oxide fondu brun foncé, qui devient jaune par le refroidissement. Il est facile à distinguer par cette réaction, de l'antimoine et du tellure. Il est très-soluble dans l'acide nitrique. Sa couleur est le blanc d'argent rougeâtre.

Wolfram. $=$ Mn $\overset{...}{W}$ + Fe $\overset{...}{W}$; il fond assez difficilement et donne alors une boule grise couverte à sa surface de cristaux prismatiques brillans, et qui agit quelquefois sur l'aiguille aimantée. En partie soluble dans l'acide hydro-chlorique. Grisâtre-noir-brunâtre, tirant sur le noir de fer.

Silicate de manganèse noir $=$ $\overset{.}{Mn}{}^{3}$ $\overset{...}{Si}$ + 3$\overset{..}{H}$; il fond au chalumeau avec boursoufflemens et donne beaucoup d'eau dans le matras. Il communique au verre de borax, dans le feu d'oxidation une belle couleur rouge améthyste. Il se dissout dans l'acide hydro-chlorique avec séparation de silice, mais sans qu'il se forme de gelée. Gris de plomb tirant sur le noir de fer.

Comparez la *Lievrite* et l'*Allanite* II. B. 5.) c.) et aussi certain *Fer oxidé hydraté* II. B. 5.) b.).

<hr>

B. Infusibles.

(Il n'y a que certains oxides de fer rouge fibreux qui puissent être arrondis au feu de réduction.)

1° *Mélangés en très-petite quantité avec le verre de Borax ils lui donnent une couleur rouge améthyste au feu d'oxidation.*

Les oxides de manganèse qui appartiennent à cet article sont plus ou moins facilement solubles dans l'acide hydro-chlorique et en dégagent du chlore. La dissolution donne avec la potasse un précipité blanc-jaunâtre sale qui se colore aussitôt sur le filtre en brun ou noir-brunâtre. Ils se distinguent surtout les uns des autres par leurs propriétés physiques.

Deutoxide de manganèse anhydre $= \ddot{M}n$. Noir-brunâtre foncé. Trait noir, un peu brunâtre. Dureté entre le feldspath et le quartz. Il ne donne pas d'eau dans le matras ou n'en donne que des traces.

Oxide rouge de manganèse anhydre $= \dot{M}n + \ddot{M}n.$ Noir-brunâtre. Trait brun-châtaigne , brun-rougeâtre. Dureté entre l'apatite et le feldspath. Il ne donne pas d'eau dans le matras.

Deutoxide de manganèse hydraté. $= \ddot{M}n \dot{H}.$ Gris d'acier noir de fer. Trait brun-rougeâtre foncé. Dureté entre la chaux carbonatée et la chaux fluatée. Il donne de l'eau dans le matras.

Manganèse oxidé barytifère $= \ddot{M}n, \dot{M}n, \dot{B}a, \dot{K}a$ Bleuâtre noir-grisâtre , gris-noirâtre. Trait noir-brunâtre , noir. Dureté entre l'apatite et le feldspath. Il donne de l'eau au chalumeau dans le matras. La plupart des variétés, après avoir été dissoutes dans l'acide hydro-chlorique , donnent avec l'acide sulfurique un précipité abondant de sulfate de Baryte (il ne s'est trouvé jusqu'ici que compacte).

Péroxide de manganèse anhydre $= \ddot{M}n.$ Noir de fer passant au gris d'acier. Trait noir. Dureté entre le sel gemme et la chaux carbonatée. Ne donnant pas d'eau au chalumeau dans le matras, ou n'en donnent que des traces.

2° *Chauffés au rouge sur le charbon au feu de réduction ils agissent sur l'aiguille aimantée , ou bien agissent sans opération préalable.*

$$\textit{Franklinite} = \left.\begin{array}{l} \dot{M}n \\ \dot{F}e \\ \dot{F}e \\ \dot{Z}n \end{array}\right\} \begin{array}{l} \ddot{F}e \\ \ddot{M}n \end{array} \quad \text{et} \quad \textit{Fer oxidulé} = \dot{F}e\,\ddot{F}e, \; \dot{F}e^3\,\ddot{F}e^4,$$

ils sont fortement magnétiques. Ils sont tous deux lentement solubles dans l'acide hydro-chlorique. La Franklinite exposée avec de la soude à un bon feu de réduction donne un dépôt de zinc d'une couleur jaunâtre faible, le Fer oxidulé n'en donne pas. Traités par le sel de phosphore au feu de réduction, ils lui communiquent une couleur vert-bouteille, qui s'affaiblit par le refroidissement. La couleur de tous deux est le noir de fer, la poudre de la Franklinite est le brun-rougeâtre, celle du Fer oxidulé est le noir.

Oxide de fer rouge $= \overset{...}{Fe}$ et *Martit* $= \overset{...}{Fe}$, ne sont pas magnétiques d'eux-mêmes ou ne le sont que faiblement. Leur couleur est le noir de fer gris d'acier. Trait rouge-cerise, propriété qui les distingue aisément des précédens. Ils sont lentement solubles dans l'acide hydro-chlorique. Ils peuvent se distinguer l'un de l'autre par la cristallisation, qui est rhomboëdrique pour l'Oxide de fer et qui est tétraëdrique pour le Martit (1).

Ménakanite $= \overset{...}{Fe} + x\overset{.}{Fe}\,\overset{..}{Ti}$ et *Kibdelophan* $= f\overset{..}{Ti}{}^3$, sont peu magnétiques d'eux-mêmes. Tous deux traités au feu de réduction avec du sel de phosphore, donnent un verre rouge de sang qui, lorsqu'il est saturé, ne devient pas vert par l'addition de l'étain et qui pâlit en refroidissant, de même que pour le fer oxidulé, mais sa couleur se conserve ou passe au violet (2). La poudre fine de Me-

---

(1) Comparez le Fer oxidé hydraté qui dans quelques variétés montre l'éclat métallique sur la surface ou sur les faces de cassure.

(2) L'on ne doit ajouter que peu de zinc et encore sur le charbon. Le moyen le plus sûr de reconnaître ces minéraux et les autres espèces de Fer titané est de faire bouillir la poudre fine avec de l'acide hydro-chlorique concentré, de concentrer fortement la dissolution, puis de l'étendre

nakanite traitée à chaud dans un matras de verre par l'acide hydro-chlorique concentré , donne par l'addition d'un excès de carbonate de chaux , un précipité rouge-brunâtre (Oxide de fer et acide Titanique) ; le Kibdelophan , traité de la même manière , donne un précipité blanc ou peu coloré (acide Titanique). La couleur de chacun d'eux est le noir de fer, celle du Menakanite est aussi pris d'acier. Trait noir.

Comparez l'Urane Oxidulé II. C. 4.).

3° *L'on doit placer à la suite des précédens le* Fer chromaté *et la* Tantalite.

$$\textit{Fer chromaté} = \left.\begin{array}{l}\dot{Fe}\\[4pt]\dot{Mg}\end{array}\right\}\begin{array}{l}\overset{\cdots}{Ch}\\[4pt]\overset{\cdots}{Al}\end{array}$$ il est très-magnétique dans

quelques variétés, mais dans d'autres il ne l'est presque pas. Il n'est que faiblement attaqué par les acides. Traité seul au chalumeau, il ne change pas d'état ; il se dissout lentement et en entier dans le borax et le sel de phosphore. Les verres ont après le refroidissement une belle couleur vert-émeraude, noir de fer, noir de poix. Trait brun-jaunâtre.

$$\textit{Tantalite (1)} = \dot{Mn}, \dot{Fe}, \overset{\cdots}{Ta}, \overset{\cdots}{W}, \overset{\cdots}{Sn} \text{ et } \textit{Yttertantal}$$

$$= \left.\begin{array}{l}Ca^3\\[4pt]\dot{Y}^3\\[4pt]\dot{Fe}^3\end{array}\right\}\begin{array}{l}\overset{\cdots}{Ta}\\[4pt]\overset{\cdots}{W}\end{array}$$ ne sont que faiblement attaqués par les acides.

---

de beaucoup d'eau et de faire encore bouillir. S'il y a de l'acide Titanique contenu , le liquide sera troublé et l'on obtiendra un précipité blanc-jaunâtre d'acide Titanique.

(1) Tantalite de Bavière $= \overset{\cdots}{Mn^3\,Ta} + 2\overset{\cdots}{Fe^3\,Ta^2}$, Tan-

Traitée seule au chalumeau la Tantalite ne change point, l'Ytertantal devient jaunâtre ou blanc. La Tantalite se dissout lentement dans le sel de phosphore et le borax et donne un verre coloré par le fer. L'Yttertantal est décomposé au commencement par le sel de phosphore, comme les Silicates. Couleur noir de fer. Trait pour la Tantalite noir-brun, pour l'Yttertantal grisâtre (1).

Molybdène Sulfuré $=$ $\overset{..}{\text{Mo}}$ et *Graphite* $=$ C; ils sont tous deux très-tendres, leur dureté est entre le talc et le sel gemme. La couleur du Molybdène sulfuré est le gris de plomb rougeâtre, celle du Graphite est du noir de fer au gris d'acier. Le Molybdène sulfuré tenu sur la pince au chalumeau donne à la flamme une couleur vert-clair, et donne un sulfure avec la soude. Il est difficilement attaqué par le borax, et donne par l'addition d'un peu de salpêtre et dans la flamme extérieure un verre incolore ou peu coloré qui, dans la flamme intérieure, prend une couleur brune. Chauffé avec du salpêtre dans la cuiller de platine, il détonne vivement avec production de lumière. Il est difficilement attaqué par l'acide nitrique. Le Graphite

---

talite de Kimito$=$ $\overset{.}{\text{Mn}}$ $\overset{...}{\text{Ta}}$ $+$ $\overset{.}{\text{Fe}}$ $\overset{...}{\text{Ta}}$, Tantatile de Broddbo

$$= \left.\begin{array}{l} \overset{.}{\text{Mn}} \\ \overset{.}{\text{Fe}} \\ \overset{.}{\text{Ca}} \end{array}\right\} \begin{array}{l} \overset{...}{\text{Ta}} \\ \overset{...}{\text{W}} \\ \overset{..}{\text{Sn}} \end{array}$$

(1) La prétendue *Fergusonit* $= \left.\begin{array}{l} \overset{.}{\text{Y}} \\ \overset{.}{\text{Ce}} \end{array}\right\} \overset{...}{\text{Ta}}$ se conduit de même. Il y a vraisemblablement plusieurs espèces d'Yttertantal ; quelques-unes n'ont aucun éclat métallique.

ne se conduit point de même. Quelquefois il détonne avec le salpêtre , mais jamais vivement.

Osmiure d'Iridium = Ir , Os. Il n'est pas sensiblement attaqué au chalumeau, ni par le borax , ni par le sel de phosphore. Fondu dans le matras avec du salpêtre , il dégage l'odeur particulière d'oxide d'Osmium. Insoluble dans l'acide nitrique. Blanc d'étain.—Gris de plomb. Dur comme le quartz.

Comparez l'Urane oxidulé (II. C. 4.).

II.

MINÉRAUX SANS ÉCLAT MÉTALLIQUE.

A. *Minéraux qui se volatilisent ou s'enflamment devant le chalumeau.*

Soufre $= S$, chauffé au chalumeau, il brûle avec une flamme bleue et dégage une forte odeur d'acide sulfureux. Couleur jaune de soufre, jaune de miel, quelquefois il est grisâtre et brunâtre, par suite de substances qui lui sont mélangées.

Réalgar $= \overset{\text{i}}{A}s$ et *Orpiment* $= \overset{\text{iii}}{A}s$; tous deux fondent très-facilement et se volatilisent en dégageant une forte odeur d'arsenic. Ils sont solubles dans la dissolution de potasse. L'acide hydro-chlorique précipite de cette dissolution des flocons jaune-citron. Le Réalgar a une couleur rouge, l'Orpiment une couleur jaune-citron.

Oxide d'Antimoine $= \overset{\text{...}}{S}b$ et *Antimoine oxidé sulfuré* $=$ $\overset{\text{...}}{S}b + 2 \overset{\text{iii}}{S}b$; ils fondent très-facilement et s'évaporent en laissant sur le charbon un dépôt blanc. L'Oxide d'Antimoine est facilement soluble dans l'acide, hydro-chlorique et sans dégagement de gaz. L'Antimoine oxidé sulfuré se dissout en grande partie avec dégagement de gaz hydrogène sulfuré. La poudre d'Oxide d'Antimoine ne change pas de couleur par l'addition de la potasse, tandis que celle de l'Antimoine oxidé sulfuré est aussitôt colorée en jaune d'ocre. L'Oxide d'Antimoine est blanc, l'Antimoine oxidé sulfuré est rouge-cerise.

Sel ammoniac $= NH^5 + HCl$ et *Sulfate d'ammoniaque* $= NH^3 \overset{...}{S} + 2\dot{H}$; ils se volatilisent en produisant une forte fumée, le Sel ammoniac sans se fondre, le Sulfate d'ammoniaque en fondant aisément et en écumant. Ils sont très-solubles dans l'eau. La dissolution de Sel ammoniac ne donne pas de précipité avec le chlorure de barium, celle du Sulfate d'ammoniaque donne un précipité abondant de sulfate de baryte. Tous deux dégagent, en les couvrant de potasse liquide, une odeur ammoniacale. Ils sont blancs.

Cinabre $= \overset{\text{,}}{H}g$ et *Chlorure de mercure* $= Hg\,Cl$; mêlés avec de la soude et chauffés au chalumeau dans le matras, ils donnent du mercure métallique. L'on reconnaît ce dernier très-facilement, surtout si l'on introduit une plume dans le tube et que l'on comprime les gouttelettes métalliques contre les parois. Le Cinabre est d'une couleur rouge qui ne change pas sensiblement par le contact avec les acides ou la potasse. Le Chlorure de mercure est blanc et est aussitôt coloré en noir par la potasse.

Comparez aussi le Chlorure de plomb B. 1) 2.

— 35 —

B. *Fusibles ou non, ou volatils seulement en partie.*

I.) Les suivans, chauffés au chalumeau seuls ou avec de la soude sur le charbon, donnent un grain métallique, ou une perle qui agit sur l'aiguille aimantée (1).

1°) *Ceux qui, chauffés au chalumeau seuls ou avec de la soude, donnent un grain d'argent.*

Argent sulfuré arsénié $= \overset{1}{Ag}{}^3\,\overset{III}{As}$ et *Argent sulfuré antimonié brun* $= \overset{1}{Ag}{}^3\,\overset{III}{Sb}$; ils se distinguent bien des suivans par la couleur rouge du trait. L'Argent arsénié dégage une forte odeur arsénicale, l'Argent antimonié dépose sur le charbon de la fumée d'antimoine. La poudre de tous deux, traitée à chaud par la potasse en dissolution, devient aussitôt noire et se décompose en partie. La dissolution d'Argent arsénié, neutralisée par l'acide hydro-chlorique, donne des flocons jaune-citron de sulfure d'arsenic ; celle d'Argent antimonié donne des flocons orangés de sulfure d'antimoine. Le premier est rouge-carmin-cochenille, le second est rouge-carmin-gris de plomb noirâtre. Comparez la Myargirit I. A. 4.

---

(1) Tous les minéraux à éclat non métallique qui dégagent au chalumeau l'odeur arsénicale, excepté la Chaux arséniatée, appartiennent à cette division.

Chlorure d'argent = Ag El et *Iodure d'argent* = Ag²I; ils fondent très-aisément au chalumeau sur le charbon et se réduisent. L'Iodure d'argent colore la flamme en rouge-pourpre, le Chlorure d'argent ne la colore pas. L'Iodure d'argent chauffé avec de l'acide hydro-chlorique lui communique une couleur brune-rougeâtre, et dégage des vapeurs violettes d'Iode; le Chlorure d'argent n'agit point de même. Ils sont tous les deux insolubles dans l'acide nitrique. Leur couleur est gris de perle, bleuâtre, brunâtre, etc. Ils sont ductiles.

Argent carbonaté = $\dot{A}g\ddot{C}$; il se dissout aisément dans l'acide hydro-chlorique et en faisant effervescence. Sa couleur varie du gris de cendre au noir (brillant métallique au trait).

2° *Ceux-ci, chauffés au chalumeau seuls ou avec de la soude, donnent un grain de plomb.*

Les combinaisons de plomb qui appartiennent à cette division sont solubles dans l'acide nitrique. La dissolution traitée par le zinc métallique laisse précipiter du plomb, et donne avec l'acide sulfurique un précipité abondant de sulfate de plomb. Ils sont aussi solubles sans résidu dans une grande quantité de potasse en dissolution (sauf la Vauquelinite).

Plomb arséniaté = Pb El + 3 $\dot{P}b^3 \overset{\cdots}{A}s$; il se réduit au chalumeau sur le charbon, avec dégagement d'une fumée abondante d'arsenic. Tenu sur la pince et fondu à la flamme extérieure, il cristallise, comme le chloro-phosphate de plomb. Il est brun-jaunâtre, brunâtre.

Plomb chloro-phosphaté = Pb El + 3 $\dot{P}b^3 \overset{\cdots}{P}$; traité seul au chalumeau sur le charbon, il ne se réduit pas, il fond et donne une perle qui cristallise très-nettement en refroidissant. Il est ordinairement vert, mais dans quelques variétés il est aussi brun ou blanc.

Minium $= \ddot{\text{P}}\text{b}$, *Plomb chrômaté* $= \dot{\text{P}}\text{b} \ \ddot{\text{Ch}}$ et *Mélanochroit* $= \dot{\text{P}}\text{b}^3 \ \ddot{\text{Ch}}$; ils sont rouges. Le Chrômate de plomb et le Mélanochroit mélangés en petite quantité avec le verre de borax, lui communiquent une couleur vert-émeraude ; de plus, ils sont solubles dans l'acide hydrochlorique, avec séparation de chlorure de plomb; le liquide obtenu est vert-émeraude (1). Le Minium donne avec le borax un verre jaune qui se colore par le refroidissement, et il ne communique aucune couleur à l'acide hydrochlorique. La poudre du trait du Chrômate de plomb est jaune-orangé, celle du Mélanochroit est rouge-brique. Le premier décrépite au chalumeau, le dernier ne décrépite pas.

Chlorure de Plomb $=$ Pb Cl, Pb Cl $+ 2 \dot{\text{P}}\text{b}$ et *Plomb Chloro-carbonaté* $=$ Pb Cl $+ \dot{\text{P}}\text{b} \ddot{\text{C}}$; ils se réduisent aisément au chalumeau sur le charbon, dans la flamme de réduction. En les fondant avec du sel de phosphore et de l'oxide de cuivre, ils communiquent à la flamme du chalumeau une belle couleur bleue. Ils sont solubles dans l'acide nitrique, le Chloro-carbonate avec effervescence, le Chlorure sans effervescence. Les dissolutions donnent

---

(1) Pourvu que l'on emploie une quantité suffisante d'acide hydro-chlorique.

avec le nitrate d'argent un précipité abondant de chlorure d'argent. Leur couleur est le blanc, jaunâtre, grisâtre, etc.

Plomb carbonaté Rhomboïdal $= \dot{P}b\ \ddot{C}$, *Plomb sulfo-Carbonaté* $= 3\ \dot{P}b\ \dot{C} + \dot{P}b\ \ddot{S}$ et *Plomb sulfaté* $= \dot{P}b\ \ddot{S}$; ils se réduisent facilement au chalumeau dans la flamme de réduction. Le Plomb sulfaté et le Sulfo-carbonaté donnent avec la soude un sulfure ; le Carbonaté Rhomboïdal n'en donne pas. Le Carbonaté Rhomboïdal se dissout aisément en entier et avec effervescence dans l'acide nitrique ; le Sulfo-carbonaté se dissout en partie , avec effervescence , en laissant déposer du sulfate de plomb. Le Plomb sulfaté ne se dissout que très-difficilement et sans effervescence. Il est blanc , jaunâtre, grisâtre , etc.

Plomb molybdaté $= \dot{P}b\ \dddot{M}o$; il se dissout dans l'acide hydro-chlorique concentré avec séparation de chlorure de plomb, et donne un liquide verdâtre qui, étendu un peu, puis agité avec une spatule de fer, prend aussitôt une couleur bleue. Il est décomposé par l'acide sulfurique. La dissolution prend par la chaleur une couleur verdâtre qui , à un certain degré de concentration , devient d'un beau bleu d'azur par le refroidissement. Il est jaune de cire , jaune de miel , jaune orangé.

Tungstate de plomb $= \dot{P}b\ \dddot{W}$; traité par une quantité suffisante d'acide hydro-chlorique, il se dissout avec séparation d'un dépôt vert-jaunâtre d'acide tungstique. La dissolution contient du chlorure de plomb. La poudre est colorée en beau jaune-citron par l'acide sulfurique. L'acide ne se colore point; le minéral est jaunâtre, brun-jaunâtre.

Vauquelinite $= \dot{C}u^3 \dddot{C}h^3 + 2 \dot{P}b^3 \dddot{C}h^3$ et *Vanadate de plomb* $= \dot{P}b^3 \ddot{V}$ avec Pb Cl $+ 2 \dot{P}b$. Ils communiquent au chalumeau au verre de borax une couleur vert-émeraude. Ils sont solubles dans l'acide nitrique. La dissolution de Vauquelinite est verte, celle de Vanadate de plomb est jaune ; la première ne donne pas de précipité avec le nitrate d'argent, la dernière donne un précipité abondant de chlorure d'argent. La perle fondue de la Vauquelinite, mouillée avec l'acide hydro-chlorique, donne à la flamme du chalumeau une belle couleur bleue. La couleur de la Vauquelinite est le vert-noirâtre, vert-olive ; celle du Vanadate de plomb est le brun, quelquefois le jaunâtre. Comparez l'Aluminate de plomb (C. 1.) *a.*

3° *Les minéraux suivans, mouillés d'acide hydro-chlorique, communiquent à la flamme du chalumeau une belle couleur bleue, et donnent avec l'acide nitrique une dissolution bleu de ciel qui se colore en bleu d'azur par l'addition d'un excès d'ammoniaque.*

(Le Phosphate d'urane cuprifère donne une dissolution vert-jaunâtre.) Les combinaisons de cuivre qui rentrent dans cette division, sont décomposées par la potasse bouillante, de manière que leurs acides s'unissent à la potasse.

a) Ceux-ci dégagent au chalumeau une forte odeur arsénicale. (La plupart donnent d'eux-mêmes un grain métallique blanc cassant d'arséniure de cuivre.)

Condurite $= \dot{C}u^6 \dddot{A}s + 4\dot{H}$; elle donne au chalumeau dans le matras un sublimé d'acide arsénieux, ce qui n'a point lieu pour les suivans. Noir-brunâtre.

Olivenite $= \overset{.}{C}u^4 \begin{cases} \overset{...}{A}s \\ \overset{...}{P} \end{cases} + \overset{.}{H}$. Fondue au chalumeau sur la pince, elle cristallise par le refroidissement en une masse radiée noirâtre dont la surface est couverte de cristaux prismatiques aiguillés. Elle ne donne que très-peu d'eau dans le matras. Elle est vert-olive, vert-poireau, noirâtre.

Kupferschaum $= \left(\overset{.}{C}u^5 \overset{...}{A}s + 10 \overset{.}{H} \right) + \overset{.}{C}a \overset{..}{C}$ et *Kupferglimmer* $= \overset{.}{C}u^8 \overset{...}{A}s + 12 \overset{.}{H}$. Ils décrépitent très-fortement sous le chalumeau et donnent beaucoup d'eau dans le matras. Le Kupferglimmer est soluble dans l'ammoniaque sans résidu, le Kupferschaum se dissout en partie et laisse un résidu de carbonate de chaux. Tous deux sont très-aisément clivables suivant une direction. Le Kupferschaum est vert-pomme, vert de gris ; le Kupferglimmer est vert-émeraude tirant sur le vert de gris.

Linsenerz $= 2 \overset{...}{A}l \overset{.}{H}^3 + 3 \overset{.}{C}u^4 \overset{...}{A}s \overset{.}{H}^8$. Il ne décrépite pas sous le chalumeau, et chauffé doucement il prend une belle couleur bleu-smalt. Il se dissout très-bien dans l'ammoniaque. Il contient beaucoup d'eau et en perd 22 pour cent par la calcination. Sa couleur est le bleu de ciel ou passant au vert.

Euchroïte $= \overset{.}{C}u^4 \overset{...}{A}s + 7 \overset{.}{H}$ et *Erinite* $= \overset{.}{C}u^5 \overset{...}{A}s + 2\overset{.}{H}$. Elles se distinguent principalement par la perte de poids qu'elles éprouvent au feu. La première perd 18 1|2 pour cent d'eau, la seconde ne perd que 5 pour cent. Sa couleur est le vert-émeraude.

b) Ceux-ci ne dégagent aucune odeur arsénicale. La

plupart donnent facilement et d'eux-mêmes un grain de cuivre ductile.

Cuivre muriaté = Cu Çl + 3 Ċu + 4 Ḣ ; de lui-même et sans être préalablement mouillé d'acide hydro-chlorique, il colore la flamme du chalumeau ou de la chandelle en beau bleu, et est par-là facile à distinguer de tous les minéraux semblables. Il est vert, vert-poireau, noirâtre, olive-émeraude.

Sulfate de cuivre = Ċu S̈ + 5 Ḣ, *Sous-Sulfate de cuivre* = Ċu³S̈ + 3 Ḣ et *Cuivre vitreux* = Ġu ; ils donnent avec la soude au chalumeau un sulfure, ce qui n'a pas lieu pour les suivans. Le Sulfate de cuivre est très-soluble dans l'eau. Il est bleu de ciel. Le Sous-Sulfate et le Cuivre vitreux sont insolubles dans l'eau, mais solubles dans l'acide nitrique. Les dissolutions donnent avec le nitrate de baryte un précipité blanc de Sulfate de baryte. Le Cuivre vitreux brûle au feu d'oxidation et dégage l'odeur d'acide sulfureux ; le Sous-Sulfate de cuivre ne se conduit pas ainsi. La couleur du Cuivre vitreux est le bleu-indigo-noir, celle du Sous-Sulfate de cuivre est le vert-émeraude.

Oxide rouge de cuivre = Ġu et *Oxide de cuivre noir* = Cu ; ils se dissolvent aisément et tranquillement dans les acides. La dissolution hydro-chlorique d'Oxide rouge de cuivre étendue d'eau donne un précipité blanc (chlorure de cuivre) et avec la potasse un précipité jaune d'ocre. La dissolution semblable d'Oxide noir ne donne pas de précipité avec l'eau, et elle en donne un bleuâtre avec la potasse. La couleur de l'Oxide rouge est le rouge-cochenille, celle de l'Oxide noir est le brunâtre. (La plupart des Oxides de cuivre noirs font un peu effervescence avec les acides.)

Malachite $= \dot{C}u^2\, \ddot{C} + \dot{H}$, *Cuivre carbonaté bleu* $= \dot{C}u\, \ddot{H} + 2\,\dot{C}u\, \ddot{C}$ et *Cuivre carbonaté anhydre* $= \dot{C}u\, \ddot{C}$; ils se dissolvent dans l'acide nitrique avec effervescence, en dégageant de l'acide carbonique. La Malachite et le Cuivre carbonaté bleu donnent beaucoup d'eau au chalumeau, le Carbonate anhydre en donne peu ou point. La Malachite est toujours verte, le Cuivre hydraté est bleu, quelquefois bleu azuré, le Carbonate anhydre est noir-brunâtre.

Cuivre phosphaté octaédrique et *Prismatique oblique* $= \dot{C}u^4\, \overset{\cdots}{P} + 2\,\dot{H}$ et $\dot{C}u^5\, \overset{\cdots}{P} + 5\,\dot{H}$; ils sont aisément solubles dans l'acide nitrique et sans effervescence. La dissolution (lorsqu'elle n'est pas trop acide) donne avec l'acétate de plomb un précipité de phosphate de plomb qui fond au chalumeau et donne une boule polyédrique. Ils sont peu solubles dans l'ammoniaque. Leur couleur est le vert-olive et le vert-noirâtre. Le Phosphate de cuivre octaédrique perd 7 % d'eau au rouge, le Phosphat prismatique oblique en perd 14 %.

Phosphate d'Urane cuprifère $= \dot{C}u^3\, \overset{\cdots}{P} + 2\,\overset{\cdots}{U}\overset{\cdot\cdot}{P} + 24\,\dot{H}$; la dissolution nitrique a une couleur vert-jaunâtre, et donne avec l'ammoniaque en excès un précité vert-bleuâtre et un liquide bleu. Le précipité que donnent les minéraux précédens avec l'ammoniaque, se redissout presque complètement par un excès. Avec l'acétate de plomb on obtient dans la dissolution nitrique un précipité de phosphate de plomb. Ce minéral est vert-émeraude. Très-bien clivable dans une direction.

4° *Les suivans donnent au verre de bor une belle cou-*

leur bleu-saphir. (Fondus sur le charbon, ils dégagent une forte odeur d'arsenic.)

Arséniate de Cobalt et *Arsénite de Cobalt* $= \overset{\cdot}{\mathrm{Co}}{}^3 \overset{\cdots}{\mathrm{As}} +$ $6\overset{\cdot}{\mathrm{H}}$ et $\overset{\cdot}{\mathrm{Co}}, \overset{\cdots}{\mathrm{As}}, \overset{\cdot}{\mathrm{H}}$; tous deux donnent au chalumeau beaucoup d'eau; l'Arsénite de Cobalt donne un sublimé d'acide arsénieux; l'Arséniate de Cobalt ne donne pas de sublimé. Ils sont solubles dans l'acide hydro-chlorique et donnent un liquide rouge-rose, où le silicate de potasse produit un précipité bleu-saphir. Sa couleur est le rouge-carmin-cochenille, fleur de pêcher ou rouge-rose.

(Comparez avec l'Oxide de Cobalt C. 4.)

Arséniate de Nickel $= \overset{\cdot}{\mathrm{Ni}}{}^3 \overset{\cdots}{\mathrm{As}} + 9\overset{\cdot}{\mathrm{H}}$ (contient toujours un peu d'oxide de Cobalt). Il donne beaucoup d'eau au chalumeau dans le tube. La dissolution nitrique ou hydrochlorique a une couleur verte. L'ammoniaque donne un précipité verdâtre, qui se redissout dans un excès et donne une couleur bleu-saphir. Sa couleur est le vert-pomme et vert-serin.

5° *Les suivans, fondus au chalumeau sur la pince ou sur le charbon au feu de réduction, donnent une masse noire qui agit sur l'aiguille aimantée, sans appartenir aux divisions précédentes.*

(La plupart sont assez fusibles; mais quelques-uns, comme le Fer oxydé hydraté rouge et le Fer oxydé hydraté brun, ne peuvent être arrondis que lorsqu'on les prend en éclats très-minces. Pour ceux qui sont fusibles, il est bon de fondre des morceaux aussi gros que possible et de les exposer quelque temps au feu de réduction.)

a) Ceux-ci dégagent en fondant une forte odeur d'arsenic.

Fer oxydé résinite $= \ddot{\text{F}}\text{e}^2\,\dddot{\text{A}}\text{s} + 12\dot{\text{H}}$, *Fer arséniaté* $=$ $\dot{\text{F}}\text{e}^3\,\dddot{\text{A}}\text{s} + \ddot{\text{F}}\text{e}^3\,\dddot{\text{A}}\text{s}^2 + 18\dot{\text{H}}$ et *Skorodite* $= \dot{\text{F}}\text{e}\,\dddot{\text{A}}\text{s} + 2$ $\ddot{\text{F}}\text{e}\,\dddot{\text{A}}\text{s} + 12\dot{\text{H}}$; ils fondent aisément àu chalumeau et donnent une perle magnétique. La poudre traitée par la dissolution de potasse se colore aussitôt en brun-rougeâtre. Le Fer arséniaté et la Skorodite se présentent souvent cristallisés, le premier dans le système tétraïdrique, le second en prisme rhomboïdal. Leur couleur est ordinairement le vert dans plusieurs variétés. Le Fer oxydé résinite est amorphe , opalin. Il est brunâtre , rouge de sang et blanc.

b) Ceux-ci sont solubles dans l'acide hydro-chlorique, sans laisser de résidu sensible et sans donner de gelée.

(Ils ne dégagent pas d'odeur arsénicale au chalumeau.)

Fer oxydé hydraté rouge $= \ddot{\text{F}}\,\dot{\text{H}}$ et *Fer oxydé hydraté brun* $= \ddot{\text{F}}\text{e}^2\,\dot{\text{H}}^3$; ils sont faciles à distinguer des suivans par leur difficile fusibilité et par la couleur jaune d'ocre de leur poudre. Ils ne peuvent être arrondis que lorsqu'on prend des éclats minces ; mais après avoir été fortement chauffés au feu de réduction, ils agissent sur l'aiguille aimentée. Ils donnent de l'eau dans le tube et laissent un résidu rouge d'oxide de fer. L'un est rouge, l'autre brun. Celui qui est cristallisé est facilement clivable suivant une direction. L'oxide brun a une couleur brune-jaunâtre-noirâtre, et présente ordinairement une structure fibreuse(1).

---

(1) L'Oxide de fer hydraté , qui a la forme du Sulfure de fer, a la même composition chimique que le Fer oxidé hydraté rouge. Le Fer oligiste , le Fer hématite , le Fer

Sulfate de fer $= \dot{\text{Fe}}\, \ddot{\text{S}} + 6\,\ddot{\text{H}}$ et *Vitriol rouge* $= \dot{\text{Fe}}^5$ $\ddot{\text{S}}^{\text{a}} + 3\,\dddot{\text{Fe}}\,\ddot{\text{S}}^{\text{a}} + 36\,\dot{\text{H}}$, se gonflent fortement sous le chalumeau, fondent incomplètement au feu de réduction, et
donnent une pièce magnétique. Ils sont solubles dans l'eau,
le Sulfate de fer complètement, le Vitriol rouge avec dépôt d'un résidu jaune. La dissolution donne avec le nitrate
de baryte un précipité abondant de sulfate de baryte , et
avec l'ammoniaque un précipité verdâtre qui se colore de
suite à l'air en rouge-brunâtre.

Huraulite $= 3\,\dot{\text{Mn}}^5 \dddot{\text{P}}^{\text{a}} + \dot{\text{Fe}}^5 \dddot{\text{P}}^{\text{a}} + 30\,\dot{\text{H}}$, *Hétérozite* $=$
$2\,\dot{\text{Fe}}^6 \dddot{\text{P}}^{\bullet} + \dot{\text{Mn}}^5 \dddot{\text{P}}^{\bullet} + 5\,\dot{\text{H}}$ et *Manganèse phosphaté ferri-*
fère $= \dot{\text{Mn}}^4 \dddot{\text{P}} + \dot{\text{Fe}}^4 \dddot{\text{P}}$, se fondent aisément au cha-
lumeau , et mouillés d'acide sulfurique , ils colorent la
flamme en vert-bleuâtre-noir. Ils donnent avec le borax
au feu d'oxidation un verre améthiste. L'Huraulite donne
beaucoup d'eau dans le tube , les deux autres n'en donnent que bien peu. L'Huraulite est jaune-rougeâtre , non
clivable ; l'Hétérozite varie du gris-verdâtre au bleuâtre ,
clivable suivant un prisme de 100° ; le Manganèse phosphate est brun-noir, clivable suivant trois directions rectangulaires entre elles.

---

oxidé géodique, le Fer limoneux, etc., sont des mélanges de
Fer oxidé hydraté brun , d'alumine, de sable, de phosphate
de chaux et de fer , de carbonate de chaux , etc. Ils sont
ordinairement fusibles , quelquefois très-facilement , et se
dissolvent dans l'acide hydro-chlorique avec séparation
d'alumine , etc.

$$\textit{Triphyline} = \dot{L}^5\,\ddot{\dddot{P}} + 6\left.\begin{array}{l}\dot{Fe}^3\\ \dot{Mn}^3\end{array}\right\}\ddot{\dddot{P}}\;;$$ se conduit au chalumeau à peu près comme les précédens ; elle ne donne pourtant pas avec le borax une réaction aussi claire d'oxide de manganèse , mais plutôt un verre coloré par l'oxide de Fer. Si l'on évapore doucement à sec la dissolution hydrochlorique, si l'on reprend par l'alcohol, qu'on fasse bouillir et qu'on l'allume , l'on remarque de temps en temps , et surtout à la fin , des raies rouges. Cette manière de se conduire la distingue facilement du fer phosphaté qui lui ressemble. Elle est gris-verdâtre , bleuâtre , etc. Clivable suivant 4 directions.

$\textit{Vivianite} = \dot{Fe}^3\,\ddot{\dddot{P}} + 8\,\dot{H}$, *Fer phosphaté d'anglar* $= \dot{Fe}^4\ddot{\dddot{P}} + 4\,\dot{H}$, *Fer phosphaté vert* $= \dddot{Fe}^2\,\ddot{\dddot{P}} + 2\,^1/_2\,\dot{H}$, fondent aisément sous le chalumeau, et mouillés d'acide sulfurique , se conduisent comme les précédens. Mais ils donnent au verre de borax la couleur de l'oxide de fer (rouge dans la flamme d'oxidation , jaunâtre par le refroidissement, vert-bouteille au feu de réduction). Ils donnent beaucoup d'eau dans le tube. La Vivianite perd 28 °/₀ d'eau au rouge ; le Fer phosphaté d'anglar en perd 16 °/₀ ; le Fer phosphaté vert 8 $^1/_2$ °/₀. La Vivianite est bleue dans diverses variétés ; le Fer phosphaté d'anglar est gris passant au bleu, le Fer phosphaté vert est vert de poireau foncé.

Un certain *Fer carbonaté* fibreux peut aussi se fondre et est facile à reconnaître par la propriété qu'il possède de se dissoudre dans l'acide hydro-chlorique chaud avec effervescence.

Comparez l'acide molybdique 6), la Marmatite et le Zinc sulfuré.

c) Les suivans donnent une espèce de gelée avec l'acide hydro-chlorique, ou bien sont facilement décomposés avec séparation de silice (1).

$$\textit{Cronstedtite} = \left.\begin{matrix} \overset{\cdot}{f} \\ mn \\ mg \end{matrix}\right\} \ddot{S}i + Fe\,Aq,$$ donne de l'eau sous le chalumeau dans le tube et fond en se gonflant un peu , puis donne un verre noir. Elle forme avec l'acide hydrochlorique une gelée parfaite. (La *Sideroschisolite* se conduit d'une manière semblable et appartient peut-être à la même espèce.) Noir de corbeau ; trait vert-poireau foncé, dureté entre le sel gemme et la chaux carbonatée.

$$\textit{Liévrite} = Fe\,Si + 2\left.\begin{matrix} C \\ \underset{\cdot}{f} \end{matrix}\right\} Si \quad \text{et} \quad \textit{Allanite} = \left.\begin{matrix} \overset{\cdot}{C}e^s \\ \overset{\cdot}{C}a^s \end{matrix}\right\} \overset{\cdots}{S}i + 2\left.\begin{matrix} \overset{\cdots}{F}e \\ \underset{\cdots}{A}l \end{matrix}\right\} \overset{\cdots}{S}i ,$$

donnent avec l'acide hydro-chlorique une gelée bien formée. Elles ne donnent pas d'eau au chalumeau ou n'en donnent que des traces. L'Allanite se gonfle beaucoup, fond facilement, et donne un verre volumineux brunâtre ou noirâtre. Elle est brunâtre, noir-verdâtre; trait gris-verdâtre, dureté comme le Feldspath adulaire.—La Liévrite se gonfle peu, décrépite, puis fond tranquillement et

---

(1) On reconnaît que le résidu est de la silice pure , lorsqu'il se dissout aisément et en entier dans la dissolution de potasse, et qu'avec la soude il donne au chalumeau un verre clair. La soude doit être ajoutée peu à peu.

donne une perle noir de fer. Elle est noir-brunâtre; trait noir , dureté entre l'Apatite et le Feldspath.

Thraulite (1) $=$ Fe Si $+$ Aq et *Fer muriaté* $=$ Fe Cl^5 $+$ $\ddot{\text{Fe}}$ $\dot{\text{H}}^6$ $+$ 4 $\left(\dot{\text{Fe}}^3 \ddot{\text{Si}}^\bullet + \dot{\text{Mn}}^3 \ddot{\text{Si}}^a \right)$, sont décomposés par l'acide hydro-chlorique avec séparation de silice , sans former de gelée. Le Fer muriaté fond aisément sous le chalumeau , et fondu avec un mélange de sel de phosphore et d'oxide de cuivre, il donne à la flamme une couleur bleue. La Thraulite fond difficilement et ne montre point la réaction du chlore. La Thraulite n'est pas clivable ; le Fer muriaté est facilement clivable suivant une direction.

d) Les suivans ne sont que faiblement attaqués par l'acide hydro-chlorique , ou ne sont qu'accidentellement décomposés.

Krokydolite $=$ Na Si^5 $+$ 5 $\left.\begin{matrix} \text{f} \\ \text{mg} \end{matrix}\right\}$ Si$^\bullet$ $+$ 3 Aq (?); il fond très aisément au chalumeau en se boursoufflant beaucoup et donne un verre noir. Il donne un peu d'eau dans le tube. Il est bleu , souvent bleu de lavarde. Sa couleur ne change pas l'action des acides.

Terre verte $=$ Si f K Aq ; il fond tranquillement au chalumeau, ne boursouffle point, et donne avec assez de

---

(1) Il faut placer à côté la *Nontronit* $=$ Fe Si^a $+$ Ag et le *Fettbol* $=$ Fe Si^3 $+$ 3 Aq, qui sont toutes deux décomposées par l'acide hydro-chlorique, avec séparation de silice gélatineuse (si la gelée est complète?) La perte d'eau à la chaleur rouge est de 19 $^o/_o$ pour la Thraulite, pour la Nontronit 18 $^o/_o$ et pour le Fettbol 24 $^1/_2$ $^o/_o$.

peine un verre noir. Elle donne un peu d'eau dans le tube. Elle est vert-céladon.

Achmite $= N Si^3 + 2 F Si^2$, fond aisément sous le chalumeau et donne un verre noir brillant. Elle est visiblement plus attaquée par l'acide hydro-chlorique que l'augite qui lui ressemble. Elle est noir-brunâtre et noir-grisâtre ou vert-noirâtre. Dureté entre le feldspath et le quartz.

Le Grenat, l'Epidote, l'Amphibole et l'Augite donnent en fondant, dans quelques-unes de leurs variétés , un verre magnétique. (Voyez II. B. II. 5.)

Et aussi certains manganèses oxidés silicifères et certaines lépidolithes II. B. II. 5).

6. *Il reste encore :*

Acide molybdique $= \overset{...}{Mo}$, fond au chalumeau sur le charbon, fume et est absorbé. Avec la soude on obtient , en lavant le charbon par décantation , une poudre gris d'acier de molybdène réduit. Il donne avec le sel de phosphore au feu de réduction un verre foncé, qui devient clair et d'un beau vert par le refroidissement. Il est très-soluble dans l'acide hydro-chlorique. Sa dissolution est incolore, mais agitée avec une spatule de fer, elle prend aussitôt une couleur bleue. Il est jaune de soufre tirant sur le jaune-orangé.

$$\textit{Wismuth blende} = 6\,\overset{...}{Bi}\,\overset{...}{S}{}^2 + \left.\begin{array}{c}\overset{...}{Bi}\\ \overset{...}{Fe}\end{array}\right\}\overset{.:.}{P} + Bi\ F, \text{ fond}$$

aisément sous le chalumeau et donne une perle brune. Traité sur le charbon par la soude, il donne un grain de bismuth. Il donne avec l'acide hydro-chlorique une gelée parfaite. Sa couleur est le brun tirant sur le jaune.

II.—Minéraux qui, fondus seuls on avec la soude, ne donnent pas de grain métallique, ni de masse qui agisse sur l'aiguille aimantée.

1.) *Minéraux qui, après avoir été fondus et chauffés long-temps au rouge sur le charbon ou la pince, ont une réaction alkaline et colorent en rouge-brun un papier de curcuma humide.*

a) Les suivans sont aisément et entier solubles dans l'eau :

Nitrate de potasse $= \overset{\text{-}}{\text{Ka}}\,\overset{\text{..:}}{\dot{\text{N}}}$ et *Nitrate de soude* $= \overset{\text{.}}{\text{Na}}\,\overset{\text{..:}}{\text{N}}$; ils détonnent vivement sur le charbon, ce qui n'a point lieu pour les suivans. Fondus sur le fil de platine, le Nitrate de potasse colore la flamme en bleuâtre, quelquefois rougeâtre par places ; le Nitrate de soude la colore fortement en jaune. La dissolution de platine produit dans la dissolution de Nitrate de potasse un précipité jaune, elle n'en produit point dans celle de Nitrate de soude.

Carbonate de soude $= \overset{\text{.}}{\text{Na}}\,\overset{\text{..}}{\text{C}} + 10\,\overset{\text{.}}{\text{H}}$ et $\overset{\text{.}}{\text{Na}}\,\overset{\text{..}}{\text{C}} + \overset{\text{.}}{\text{H}}$ et *Trona* $= \overset{\text{.}}{\text{Na}}^{2}\,\overset{\text{..}}{\text{C}}^{3} + 4\,\overset{\text{.}}{\text{H}}$, donnent beaucoup d'eau au chalumeau dans le tube. La dissolution dans l'eau a une réaction alkaline et fait effervescence par l'addition d'un acide. Les cristaux de Carbonate de soude s'effleurissent à l'air, tandis que ceux de Trona ne s'effleurissent pas.

Sulfate de soude $= \overset{\text{.}}{\text{Na}}\,\overset{\text{...}}{\text{S}} + 10\,\overset{\text{.}}{\text{H}}$, *Sulfate de potasse* $= \overset{\text{.}}{\text{Ka}}\,\overset{\text{..}}{\text{S}}$ et *Sulfate de magnésie* $= \overset{\text{.}}{\text{Mg}}\,\overset{\text{...}}{\text{S}} + 7\,\overset{\text{.}}{\text{H}}$. Leur dissolution dans l'eau n'a pas une réaction alkaline et ne fait pas effervescence par l'addition d'un acide. Avec le chlorure de barium l'on obtient un précipité abondant de sulfate de baryte insoluble dans les acides. Le Sulfate de magnésie donne avec les alkalis un précipité blanc, le Sulfate de potasse et celui de soude ne donnent pas de précipité. La dissolution concentrée de Sulfate de potasse donne avec la dissolution de platine un précipité jaune, celle du Sulfate de magnésie n'en donne pas. Le premier ne donne pas d'eau dans le tube, le dernier en donne beaucoup.

Sel gemme $= \mathrm{Na\,Cl}$; il est facile à reconnaître à sa saveur. La dissolution aqueuse ne donne pas de précipité avec la solution de baryte ou les alkalis; mais elle en donne un abondant de chlorure d'argent avec le nitrate d'argent. Il n'a pas une réaction alkaline.

Tinkal $= \dot{\mathrm{N}}\mathrm{a}\,\overset{\cdots}{\mathrm{B}} + \dot{\mathrm{H}}$. La dissolution a une réaction alkaline, il ne fait pas effervescence avec les acides. Décomposé par l'acide sulfurique et évaporé à sec, il donne une masse qui communique à l'alcohol la propriété de brûler avec une flamme verte.

b) Difficilement solubles ou insolubles dans l'eau.

Gay-Lussite $= \dot{\mathrm{C}}\mathrm{a}\,\overset{\cdot\cdot}{\mathrm{C}} + \dot{\mathrm{N}}\mathrm{a}\,\overset{\cdot\cdot}{\mathrm{C}} + 6\dot{\mathrm{H}}$, *Baryte carbonatée* $= \dot{\mathrm{B}}\mathrm{a}\,\overset{\cdot\cdot}{\mathrm{C}}$ et *Baryto-calcite* $= \dot{\mathrm{B}}\mathrm{a}\,\overset{\cdot\cdot}{\mathrm{C}} + \dot{\mathrm{C}}\mathrm{a}\,\overset{\cdot\cdot}{\mathrm{C}}$, se dissolvent avec effervescence dans l'acide hydro-chlorique étendu. La dissolution fortement étendue, traitée par l'acide sulfurique, ne donne pas de précipité pour la Gay-Lussite, mais avec les deux autres l'on obtient un précipité abondant de Sulfate de baryte. Si l'on sépare ce précipité en filtrant et qu'on verse dans la liqueur du carbonate d'ammoniaque, celle de Baryte carbonatée ne donnera pas de précipité (1), mais celle de Baryto-calcite en donne un de Carbonate de chaux. La Gay-Lussite donne beaucoup d'eau sous le chalumeau dans le tube, les autres n'en donnent pas. La Baryto-calcite ne fond qu'incomplètement. (Comparez avec la Strontiane carbonatée C. 3.)

Anhydrite $= \dot{C}a\, \ddot{S}$, *Gypse* $= \dot{C}a\, \ddot{S} + 2\, \dot{H}$, *Polyhallite* $= \dot{K}a\, \ddot{S} + \dot{M}g\ddot{S} + 2\, \dot{C}a\, \ddot{S} + 2\, \dot{H}$ et *Glaubérile* $= \dot{N}a\, \ddot{S} + \dot{C}a\, \ddot{S}$; se dissolvent tranquillement dans une grande quantité d'acide hydro-chlorique. La dissolution donne avec le chlorure de Barium un précipité abondant de Sulfate de baryte. Le Gypse donne beaucoup d'eau au chalumeau dans le tube, la Polyhallite en donne peu, les deux autres n'en donnent que des traces. La Polyhallite et la Glaubérite sont solubles dans l'eau avec dépôt de sulfate de chaux. La dissolution de Polyhallite donne avec la solution de platine un précipité jaune, celle de Brogniartine n'en donne pas. La Polyhallite fond bien à la flamme d'une bougie. L'Anhydrite est pour la dureté entre la chaux carbonatée et le spath fluor, les autres sont plus tendres. — L'Anhydrite et le Gypse ne sont que peu solubles dans l'eau.

Baryte sulfatée $= \dot{B}a\, \ddot{S}$ et *Strontiane sulfatée* $= \dot{S}r\, \ddot{S}$, ne sont pas attaqués par l'acide hydro-chlorique. Ils donnent un sulfure lorsqu'on les traite au chalumeau avec la soude. La Baryte en fondant sur la pince donne à la flamme une couleur vert-jaunâtre pâle, la Strontiane donne une couleur rouge-pourpre. Si on laisse tomber

---

(1) Lorsqu'auparavant l'on a ajouté suffisamment d'acide sulfurique.

une goutte d'acide hydro-chlorique sur les morceaux fondus que l'on a tenus long-temps au feu de réduction , et qu'on les introduise dans le bord bleu de la flamme d'une chandelle (sans souffler dessus) , la flamme sera colorée en beau rouge-pourpre, lorsque la pièce d'essai est de la Strontiane carbonatée , mais non pas pour la Baryte.

Chaux fluatée $= \mathrm{Ca\,F}$, se dissout tranquillement dans l'acide hydro-chlorique et laisse dégager avec l'acide sulfurique concentré beaucoup de gaz hydro-fluorique qui attaque le verre. Traitée par la soude au chalumeau , elle ne donne pas de sulfure.

2° Ceux-ci sont solubles dans l'acide hydro-chlorique (quelques-uns même aussi dans l'eau) sans laisser de résidu visible. La dissolution ne forme pas de gelée (1).

Chaux arséniatée $= \overset{.}{\mathrm{Ca}}{}^{3}\,\overset{...}{\mathrm{As}} + 6\,\overset{.}{\mathrm{H}}$, est facile à distinguer des suivans par l'odeur arsénicale qu'elle dégage en la fondant sur le charbon. Elle donne beaucoup d'eau dans le tube.

Alun $= \overset{.}{\mathrm{K}}\,\overset{..}{\mathrm{S}} + \overset{...}{\mathrm{Al}}\,\overset{..}{\mathrm{S}}{}^{3} + 24\,\overset{.}{\mathrm{H}}$ (Alun potassique) et $\mathrm{N\,H^{3}}\,\overset{..}{\mathrm{S}} + \overset{...}{\mathrm{Al}}\,\overset{..}{\mathrm{S}}{}^{3} + 24\,\overset{.}{\mathrm{H}}$ (Alun ammoniacal) et *Sulfate de zinc* $= \overset{.}{\mathrm{Zn}}\,\overset{..}{\mathrm{S}} + 7\,\overset{.}{\mathrm{H}}$, fondent à la première impression de la chaleur et se réduisent en une masse infusible. Si l'on mouille celle-ci avec la dissolution de cobalt et qu'on fasse rougir, celle provenant de l'Alun prend une belle couleur bleue, celle du Sulfate de zinc prend une belle couleur verte. Tous deux donnent un sulfure avec

---

(1) La Kryolite et l'Amblygonite sont difficiles à dissoudre , les autres se dissolvent aisément.

la soude ; tous deux sont aisément solubles dans l'eau.
La dissolution d'Alun donne avec l'ammoniaque un précipité insoluble dans un excès, celle de Sulfate de zinc en
donne un soluble au contraire dans un excès. L'Alun ammoniacal traité par la dissolution de Potasse dégage une
odeur d'ammoniaque , l'Alun potassique n'en dégage pas.

Acide borique $= \overset{...}{B} + 6\overset{.}{H}$, *Magnésie boratée* $= \overset{.}{Mg}{}^2$
$\overset{...}{B}$ et *Hydro-boracite* $= \left.\begin{matrix}\overset{.}{Mg}{}^3\\ \overset{.}{Ca}{}^3\end{matrix}\right\} \overset{...}{B}{}^2 + 9\overset{.}{H}$, fondent aisé-

ment sous le chalumeau en écumant , et colorent la flamme en vert. Si on les réduit en poudre , qu'on les humecte
d'acide sulfurique , qu'on les chauffe au rouge , qu'on
allume de l'alcohol dessus, ce dernier brûle avec une flamme verte. Cela n'a point lieu pour les suivans. La Magnésie boratée ne donne pas d'eau au chalumeau ou n'en
donne que des traces , les autres donnent beaucoup d'eau.
L'acide borique est soluble dans l'eau et dans l'Alcohol ,
les autres ne le sont pas.

Wagnérite $= Mg\,F + \overset{.}{Mg}{}^3\overset{...}{P}$ et *Apatite* $= 3\overset{.}{Ca}{}^3\overset{...}{P}$
$+ Ca \left\{\begin{matrix}Cl\\ F\end{matrix}\right.$; elles fondent très-facilement au chalumeau ,
et mouillées d'acide sulfurique elles colorent la flamme d'une
manière passagère en vert-bleuâtre pâle. La dissolution
nitrique de chacune donne avec l'acétate de plomb un
précipité abondant de phosphate de plomb qui fond au
chalumeau et donne une boule polyédrique. La Wagnerite
est aussi soluble dans l'acide sulfurique, l'Apatite ne l'est
pas.

Kryolite $= 3\,Na\,F + Al\,F^3$ et *Amblygonite* $= \overset{.}{L}{}^2\overset{...}{P}$

$+ \overset{\cdots}{\mathrm{Al}}^4 \overset{\cdot\cdot\cdot}{\mathrm{P}}^3$, sont très-fusibles et fondent bien dans la flamme d'une bougie. La poudre fine se dissout légèrement, mais avec peine dans l'acide hydro-chlorique concentré. La dissolution se fait mieux dans l'acide sulfurique, et pendant cette opération la Kryolite dégage beaucoup d'acide hydro-fluorique. Si l'on verse de l'eau sur la Kryolite, elle prend une apparence gélatineuse toute particulière , et devient si fortement transparente qu'elle paraît complètement dissoute. L'Amblygonite ne se conduit pas ainsi. La Kryolite se trouve pour la dureté entre le sel gemme et la chaux carbonatée, l'Amblygonite est entre l'Apatite et le Quartz.

Yttro-cérite $= \mathrm{F}, \overset{\cdot}{\mathrm{Ca}}, \overset{\cdot}{\mathrm{Y}}, \overset{\cdot}{\mathrm{Ce}}$, fond assez aisément et donne un émail gris (1). Elle est complètement soluble dans l'acide hydro-chlorique. Elle est décomposée par l'acide sulfurique en dégageant de l'acide hydro-fluorique , et en laissant un dépôt de sulfate de chaux.

Phosphate d'Urane calcifère $= \overset{\cdot}{\mathrm{Ca}}^3 \overset{\cdot\cdot\cdot}{\mathrm{P}} + 2\,\overset{\cdots}{\mathrm{U}}\,\overset{\cdot\cdot\cdot}{\mathrm{P}} +$ $24\overset{\cdot}{\mathrm{H}}$; il fond aisément au chalumeau , donne beaucoup d'eau dans le tube, et traité par le sel de phosphore au feu de réduction, il donne un verre jaune , qui devient d'un beau vert au feu de réduction. La dissolution hydrochlorique ou nitrique a une couleur jaune, et donne avec l'ammoniaque un précipité jaunâtre.

---

(1) Quelques-unes de ces espèces sont infusibles suivant Berzélius.

NB. La fusibilité de l'Yttro-cérite, citée ici, paraît venir d'un peu de chaux fluatée mélangée.

Comparez avec le zinc sulfuré.

3° Minéraux qui sont solubles dans l'acide hydro-chlo-rique et donnent une gelée complètement ferme.

a) Les suivans donnent de l'eau dans le tube :

Natrolite = $N Si^3 + 3 A Si + 2 Aq$ et *Mésole* = $N Si^2 + 2 C Si^2 + 9 A Si + 8 Aq$. Ils fondent au chalumeau, sans se gonfler ou se tuméfier. La dissolution hydro-chlorique de Natrolite, après qu'on en a précipité l'alumine par l'ammoniaque, ne donne pas de précipité avec le carbonate d'ammoniaque ou n'en donne qu'un très-faible ; celle de Mésole au contraire donne un précipité de carbonate de chaux. La perte d'eau au rouge est de 9 %, pour la Natrolite, et de 13 % pour le Mésole.

Skolézite (1) = $C Si^3 + 3 A Si + 3 Aq$ et *Laumonite* = $C Si^2 + 4 A Si^2 + 6 Aq$, se tortillent en fondant, surtout la Skolézite. Celle-ci donne dans la flamme extérieure une masse volumineuse écumeuse, très-luisante, qui chauffée dans la flamme intérieure donne un verre faiblement translucide. La Laumonite fond en dégageant quelques bulles d'air et donne un émail blanc translucide. La Skolézite est pour la dureté entre l'apatite et le feldspath, la Laumonite (qui est très-fragile) est au-dessous de la chaux carbonatée.

---

(1) La *Mésolite* se conduit presque tout-à-fait comme la Skolézite. C'est une combinaison ou peut-être aussi un simple mélange de Natrolite et de Skolésite. L'on doit aussi à côté de la Skolézite placer la Thomsonite, dont la formule est $Ca Si + 5 A Si + 2 Aq$.

Gismondine $= \text{K Si}^2 + 2\,\text{C Si}^2 + 9\,\text{A Si}^2 + 14\,\text{Aq}$, se gonfle un peu au chalumeau , devient blanc et terne , entre en fusion et donne un verre transparent. La perte d'eau au rouge est de 17 %.

Datolite $= \text{Ca}^2\ddot{\text{B}} + 3\,\dot{\text{Ca}}\,\ddot{\text{Si}} + 2\,\dot{\text{H}}$, donne peu d'eau dans le tube, entre en fusion, donne un verre dense clair, ordinairement incolore, et colore la flamme en beau vert. Si l'on verse de l'Alcohol sur la gelée, celui-ci acquiert la propriété de brûler avec une flamme verte.

(Comparez le zinc oxidé silicifère C. 2.)

, *b*) **Ceux-ci ne donnent pas d'eau dans le tube ou** n'en donnent que des traces. (Comparez la Datolite.)

Hauyne $= \ddot{\text{Si}},\ \ddot{\text{Al}},\ \dot{\text{Ca}},\ \text{Ka},\ \ddot{\text{S}},$ *Spinellane* $= \ddot{\text{Si}},\ \ddot{\text{Al}},$ $\dot{\text{Na}},\ \ddot{\text{S}},$ *Lapis-lazuli* $= \ddot{\text{Si}},\ \ddot{\text{Al}},\ \dot{\text{Na}},\ \dot{\text{Ca}},\ \ddot{\text{S}},\ \text{S}$ et *Helvine* $= 3\,\dot{\text{Mn}}\,\dot{\text{Mn}} + \text{Mn}^3\,\ddot{\text{Si}}^2 + \ddot{\text{Be}}\,\ddot{\text{Si}}^2 + \ddot{\text{Fe}}\,\ddot{\text{Si}}^2,$ donnent avec la soude un sulfure, ce qui n'a pas lieu pour les suivans. L'Hauyne et la Spinellane fondent difficilement, le Lazurstein fond aisément, tous trois donnent un verre blanc. Si l'on décompose la dissolution hydro-chlorique de l'Hauyne (après la séparation de la silice) par le chlorure de barium et qu'on ajoute du carbonate d'ammoniaque en excès, si l'on sépare le précipité par le filtre , et si on évapore à sec la liqueur et qu'on fasse rougir le résidu , il reste un sel qui se conduit comme le chlorure de potassium et dont la dissolution dans l'eau donne avec la solution de platine un précipité jaune. Si l'on agit de même avec le Spinellane, il reste du chlorure de sodium dont la dissolution dans l'eau ne donne pas de précipité avec la solution de platine. L'Hauyne est ordinairement bleu de ciel, la Spinellane est gris-brunâtre, le Lapis-lazuli est bleu d'azur. L'helvine se distingue par sa conduite au chalumeau, car elle communique au verre de borax dans le feu d'oxidation une couleur rouge-améthyste fortement prononcée.

Sodalite $=$ Na Cl $+$ $\dot{N}a^3\ddot{S}$ $+3\ddot{Al}\ddot{Si}$ et *Eudialyte* $=$ Na Cl $+$ 3 (C Si^2 $+$ N Si^2 $+$ F Si $+$ Zr Si) ; fondus au chalumeau avec un mélange de sel de phosphore et d'oxide de cuivre, ils donnent les réactions du chlore, et la flamme se colore passagèrement en bleu. La dissolution d'argent donne dans leur dissolution nitrique un précipité de chlorure d'argent. La Sodalite fond au chalumeau et donne un verre clair incolore, l'Eudialyte donne un verre opaque vert-pistache.

Wollastonite $=$ C Si^a , fond tranquillement et donne un verre incolore demi-transparent. La dissolution hydrochlorique, après la séparation de la silice, ne donne pas de précipité avec l'ammoniaque , ou n'en donne pas de bien considérable, mais elle donne avec le carbonate d'ammoniaque un précipité très-abondant de carbonate de chaux.

$$\text{*Néphéline*}(1) = \left.\begin{array}{c}\text{N}\\\text{K}\end{array}\right\rbrace \text{Si} + 3\ \text{A Si}, \quad \text{*Méïonite*} = \text{C Si}$$

$$+\ 2\ \text{A Si},\ \text{*Melilite, Gehlénite*} = \text{A}^2\text{Si} + 2\ \text{C Si et}$$

$$\text{*Humboldtilite*} = \text{N Si}^3 + 5\ \text{A Si} + 12 \left.\begin{array}{c}\text{C}\\\text{Mg}\\\text{f}\end{array}\right\rbrace \text{Si. La dis-}$$

---

(1) Selon Mitscherlich , l'on doit placer ici la Davyne, ainsi que la Cavolinite de Monticelli et la Beudantite.

solution de ces divers minéraux donne un précipité avec l'ammoniaque. La Gehlénite est très-réfractaire et ne fond que lorsque l'on prend de minces éclats. La Méïonite fond en écumant, devient lumineuse et donne un verre bulleux, mais qui ne s'arrondit pas complètement. Les autres fondent sans écumer ou se tuméfier d'une manière notable. La Néphéline cristallise en prismes hexagonaux réguliers, la Melilite et l'Humboldtilite en prismes quarrés et octogones, le dernier est bien clivable à la base, mais non point le Melilite.

4° Minéraux qui se dissolvent dans l'acide hydro-chlorique en laissant un dépôt de silice, et cela sans former de gelée parfaite. (Pour plusieurs d'entre eux la poudre fine doit être traitée par de l'acide concentré.)

a) Ceux qui donnent de l'eau dans le tube sous le chalumeau.

Apophyllite $= K Si^6 + 8 C Si^3 + 16 Aq$, *Pectolite* $= N Si^3 + 4 C Si^2 + Aq$, *Okénite* $= C Si^4 + 2 Aq$, *Ecume de mer* $= M Si^3 + Aq$. Ils sont très-aisément décomposés par l'acide hydro-chlorique et laissent pour résidu la silice en pelotons gélatineux, sans former de gelée roide. La dissolution (avec acide en excès) traitée après la séparation de la silice, par l'ammoniaque ne donne pas de précipité ou n'en donne qu'un très-faible.—La Pektolite fond aisément sous le chalumeau en dégageant quelques bulles d'air, et donne un verre blanc émaillé transparent. Elle ne donne que peu d'eau dans le tube, et forme, après l'avoir rougi ou fondu, une gelée avec l'acide hydro-chlorique.—Les autres donnent beaucoup d'eau dans le tube. L'Ecume de mer est très-réfractaire, elle se ride sous le chalumeau et ne fond que sur les bords.—Elle absorbe l'eau avec rapidité.—L'Apophyllite et l'Okénite, après avoir été rougies et fondues, ne sont que difficilement attaquées par l'acide hydro-chlorique. L'Apophyllite fond en se gonflant et donne un verre blanc bulleux ou incolore, l'Okénite fond en écumant et donne une masse ressemblant à la porcelaine. Si lon met de petits morceaux d'A-pophyllite dans l'acide hydro-chlorique, ils deviennent aussitôt ternes et volumineux et se divisent en pelotons gélatineux ; si l'on fait de même pour l'Okénite , les morceaux conservent leur forme et deviennent à la longueur transparens et gélatineux sur les bords.

$$\textit{Serpentine} = M\ Aq^2 + 2\ \genfrac{}{}{0pt}{}{M}{f}\Big\}\ Si^2, \textit{Diallage métalloïde}$$

$$= M\ Aq^4 + 4\left\{\begin{matrix} M \\ f\ Si^2 \\ C \end{matrix}\right., \textit{Pyrosklérite} = \genfrac{}{}{0pt}{}{A}{Ch}\Big\}Si + 2\ \genfrac{}{}{0pt}{}{Mg}{f}\Big\}Si$$

$$+ I\ ^1/_2\ Aq, \textit{Chonikrite} = A^2\ Si + 3\ \genfrac{}{}{0pt}{}{Mg}{C}{f}\Big\}Si + 2\ Aq.$$

Ils se distinguent aisément des précédens, parce qu'ils ne peuvent être bien décomposés que par l'acide hydro-chlorique concentré et en les réduisant en poudre fine , la silice se sépare en poudre mucilagineuse. Ils se distinguent des suivans par leur conduite au chalumeau , et par leur faible dureté qui est pareille à celle de la chaux carbonatée ou légèrement plus forte. La Chonikrite est assez aisément fusible et donne un verre blanc-grisâtre. Les autres fondent avec peine , surtout la Serpentine qu'on ne peut arrondir que sur les angles très-aigus : la Serpentine n'est pas clivable ; éclat faiblement gras: le Diallage métalloïde et la Pyrosklérite sont bien clivables suivant une direction ; le premier a un éclat fortement métalloïde sur les faces de clivage , le dernier a un faible éclat nacré non métalloïde.

Heulandite$= C\,Si^3 + 4\,A\,Si^3 + 6Aq$, *Stilbite* $= C\,Si^3 + 3\,A\,Si^3 + 6\,Aq$ et *Epistilbite* $= \left.\begin{array}{c} N \\ C \end{array}\right\} Si^3 + 3\,A\,Si^3 + 5\,Aq$; ils montrent au chalumeau une conduite tout-à-fait pareille. L'Heulandite est blanche et opaque, se divise en éventail , fond en se contournant et donne un émail blanc. La Stilbite devient un instant blanche et opaque , puis se gonfle , fond en se contournant et donne un émail blanc ; elle perd au rouge $15\ ^o/_o$. L'Epistilbite se conduit comme la Stilbite. La perte au rouge est de $14\ ^1/_2\ ^o/_o$. Le système cristallin de l'Heulandite est le Rhombique oblique , celui des autres est le Rhombique.

Brewstérite $= \left.\begin{array}{c} Sr \\ B \end{array}\right\} Si^3 + 4\,A\,Si^3 + 6\,Aq$, se gonfle fortement sous le chalumeau et se conduit d'une manière pareille à la Desmine. Elle se distingue aisément des minéraux de ce groupe, en ce que la dissolution hydro-chlorique étendue donne avec l'acide sulfurique un précipité.

Analcime $= N\,Si^2 + 3\,A\,Si^2 + 2\,Aq$, devient blanc et terne sous le chalumeau à la première impression de la flamme , mais dès qu'il commence à fondre , il devient clair comme de l'eau , et donne sans se gonfler un verre brillant.

Chabasie $= \left.\begin{array}{c} N \\ K \end{array}\right\} Si^2 + 3\,A\,Si^2 + 6\,Aq$, perd aussi devant le chalumeau sa transparence , se contourne un peu , puis fond tranquillement et donne un verre garni de petites bulles , peu transparent. Perte au rouge $20\ ^o/_o$.

Prehnite $= C^2 Si^3 + 3$ A Si $+$ Aq, se boursouffle fortement et donne beaucoup d'écume, se contourne et fond, dégage de la lumière et donne un verre bulleux émaillé. Elle donne peu d'eau dans le tube. Après l'avoir rougie ou fondue, elle se dissout aisément dans l'acide hydro-chlorique et donne une gelée. — Perte au rouge 4, 2 °/₀.

b) Ceux-ci ne donnent pas d'eau dans le tube ou n'en donnent que des traces. (Comparez 4. a. Pectolite, Chonikrite et Prehnite.)

Paranthine $= \left. \begin{matrix} C \\ N \end{matrix} \right\}$ Si² $+ 2$ A Si et *Porcellanspath* $= N Si^3 + 3$ C Si² $+ 9$ A Si, fondent au chalumeau, en écumant dégagent de la lumière et donnent un verre blanc bulleux que l'on ne peut pas arrondir aisément. Ils ne forment peut-être qu'une seule et même espèce.

Labradorite $= N Si^3 + 3$ C Si³ $+ 12$ A Si, fond assez difficilement sous le chalumeau et donne un verre pesant incolore. La propriété qui le caractérise est le chatoiement des surfaces de clivage imparfaites et un rayon délicat particulier provenant des surfaces de clivage parfaites.

Anorthite $= M Si + 2$ C Si $+ 8$ A Si, fond difficilement au chalumeau et donne un verre clair. Elle s'est rencontrée jusqu'ici en cristaux limpides qui appartiennent au système Rhomboïdique oblique.

(Comparez avec l'Amphigène III. 5. 6.)

5° *Les minéraux qui restent encore* (*sauf le Scheelin calcaire*) *sont des combinaisons siliceuses, qui ne sont pas at-*

taquées par l'acide hydro-chlorique ou ne le sont qu'incomplètement.

Scheelin calcaire $= \dot{C}a \overset{...}{W}$, fond difficilement au chalumeau. La poudre est soluble dans l'acide hydro-chlorique et nitrique en laissant un dépôt jaune-verdâtre ou jaune-citron (d'acide Tungstique). Le résidu mouillé, puis frotté sur le papier avec une spatule de fer, prend aussitôt une couleur verte ou vert-bleuâtre, et est aisément soluble dans l'ammoniaque.

Mica à 1 axe $= K \, Si + 5 \, Mg \, Si + 5 \left. \begin{matrix} A \\ F \end{matrix} \right\} Si$, *Mica à 2 axes* $= K \, Si^3 + 12 \left. \begin{matrix} A \\ F \end{matrix} \right\} Si$, *Lépidolite* $= K \, F^2 + 2 \, L \, F + 4 \, \overset{...}{A}l \, \overset{...}{Si}^2$ et *Chlorite* $= \left. \begin{matrix} M \\ f \end{matrix} \right\{ \begin{matrix} Si^2 \\ A^2 \end{matrix} + Aq$; ils sont faciles à distinguer des suivans par leur peu de dureté (moindre que celle de chaux carbonatée) et par leur clivage parfait suivant une direction. La Lépidolite fond aisément sous le chalumeau, bouillonne et colore visiblement la flamme en rouge. (Quelques variétés donnent une masse magnétique.) Les autres ne peuvent être arrondis que lorsqu'on prend des éclats très-minces. Le Mica à 1 axe et la Chlorite sont complètement décomposés par l'acide sulfurique concentré. Le premier ne donne pas d'eau au chalumeau ou n'en donne que peu ; mais la Chlorite en contient une quantité notable et perd 12 °/₀. Le Mica à 1 axe est élastique lorsqu'on en prend des éclats minces ; la Chlorite n'est ni élastique ni flexible. Le Mica à 2 axes n'est pas décomposé par l'acide sulfurique.

Petalite $= L \, Si^6 + 3 \, A \, Si^3$ et *Triphane* $= L \, Si^2 +$

4 A Si², donnent à la flamme du chalumeau une couleur rouge-pourpre pâle passagère. Celle-ci devient bien visible si l'on fond un petit morceau de minéral sur la pince avec du bi-sulfate de potasse. Si l'on répète cela plusieurs fois et si l'on remue la perle çà et là dans la flamme, l'on aperçoit des lignes rouge-pourpre passagères dans la flamme. Le Triphane se gonfle un peu, forme de petites ramifications qui fondent bientôt et donnent un verre clair ou blanc. La Pétalite fond tranquillement et donne un émail blanc.

Axinite = $\ddot{S}i$, $\ddot{A}l$, $\dot{C}a$, $\dot{F}e$, $\dot{M}n$, $\overset{...}{B}$ et *Tourmaline* = $\ddot{S}i$, $\ddot{A}l$, $\dot{F}e$, $\dot{K}a$, $\dot{N}a$, $\dot{L}$, $\overset{...}{B}$; fondus avec un mélange de chaux fluatée et de bi-sulfate de potasse, ils donnent à la flamme du chalumeau une couleur verte passagère (1). L'Axinite fond aisément, bouillonne fortement et donne un verre brillant vert-foncé. (La poudre fine de l'Axinite fondue donne une gelée avec l'acide hydro-chlorique.) La Tourmaline varie de conduite dans ses diverses variétés (espèces ?). Quelques-unes fondent facilement, bouillonnent, se contournent quelquefois et donnent un verre

---

(1) Avec une bonne flamme, l'on voit cette coloration au mieux, si l'on fond le mélange de chaux fluatée et de bi-sulfate de potasse sur le fil de platine rouge, et si l'on couvre la surface de ce fondant de la poudre fine du minéral. La coloration se montre dès que l'on commence à fondre le mélange. Si l'on fait digérer dans l'acide sulfurique la poudre fine d'Axinite fondue ou celle de la Tourmaline, qu'on évapore en bouillie et qu'on allume de l'alcohol dessus, ce dernier brûle avec une flamme verte.

blanc , gris-verdâtre, rarement noir; quelques autres sont très-réfractaires , quelques-uns même (la Lépidolithe) sont infusibles. La Tourmaline devient fortement électrique par la chaleur.

Harmotome $= B\,Si^4 + 4\,A\,Si^2 + 6\,Aq$ et *Karpholite* $= Si, A, f, mn, F, Aq$, donnent au chalumeau une quantité d'eau notable dans le tube ; cette eau est acide pour la Karpholite et attaque le verre. L'Harmotome devient blanche et terne , fond assez difficilement et donne un verre blanc transparent. Réduite en poudre fine, elle n'est que peu attaquée par l'acide hydro-chlorique , mais est d'autant plus facile à dissoudre si l'acide sulfurique produit un trouble (de sulfate de baryte). La Karpholite fond en se boursoufflant et donne avec peine un verre brunâtre. Elle se dissout dans le borax au feu d'oxidation et donne un verre rouge améthyste. L'acide hydro-chlorique ne l'attaque que légèrement.

Silicate rouge de manganèse $= Mn^3\,\ddot{S}i^2$, fond au chalumeau dans le feu de réduction et donne un verre rougeâtre transparent , qui devient noir ou gris au feu d'oxidation , et communique au verre de borax dans le feu d'oxidation une forte couleur rouge améthyste. (Quelques variétés donnent en fondant une boule noire magnétique.) Il ne donne pas d'eau dans le tube. Outre cela, il est facile à reconnaître des minéraux semblables par sa couleur qui est ordinairement rouge-rose ou rouge fleur de pêcher.

$$Amphibole\ (1) = C\,Si^3 + 3\,\begin{Bmatrix} Mg \\ f \\ mn \end{Bmatrix}Si^2 \quad Augite = C\,Si^2$$

---

(1) L'Asbeste et l'Amianthe rentrent ici.

$+ \begin{Bmatrix} Mg \\ f \\ mn \end{Bmatrix} Si^2$ et *Sphène* $=$ Si, C, Ti; ils sont placés pour la dureté entre l'apatite et le feldspath. La plupart des Amphiboles se fondent assez facilement en se gonflant et bouillant, et donnent un verre blanc, grisâtre ou noir. Les Augites fondent quelquefois tranquillement, quelquefois en dégageant de petites bulles, et donnent un verre blanc ou noir; quelques-uns (pourvus de l'éclat nacré métalloïde-diallay) sont très-réfractaires. Ils sont faciles à distinguer entre eux par la forme du solide de clivage, qui est pour l'Amphibole un prisme rhomboïdal de 124° ¹/₂, pour l'Augite un prisme rhomboïdal de 93°. Le Sphène fond difficilement, bouillonne légèrement et donne un verre noirâtre. Il est imparfaitement soluble dans le sel de phosphore, et si l'on en ajoute une quantité suffisante, il donne à un bon feu de réduction bien soutenu, un verre violet-rougeâtre pâle. La poudre est en grande partie décomposée par l'acide hydro-chlorique en laissant un dépôt de silice titanifère. (La forme de clivage, qui n'est pas toujours très-visible, est un prisme de 133° ¹/₂.

Feldspath adulaire $=$ K Si³ $+$ 3 A Si³ et *Albite* $=$ N Si³ $+$ 3 A Si³; ils sont placés pour la dureté entre l'apatite et le quartz. Ils fondent difficilement au chalumeau et donnent un verre bulleux transparent. Ils ne sont pas attaqués par les acides. Le Feldspath se clive surtout visiblement suivant deux directions rectangulaires l'une à l'autre, l'Albite suivant deux directions qui font un angle de 93° ¹/₂.

Epidote $= \dot{R}^3 \ddot{S}i + 2\ddot{R} \ddot{S}i$; $\dot{R} = \dot{C}a$, $\dot{F}e$, $\dot{M}n$; $\ddot{R} = \ddot{A}l$, $\ddot{F}e$; elle est pour la dureté entre le Feldspath et le Quartz.

Elle fond au chalumeau en écumant et se tuméfiant, et donne une masse (en forme de chou-fleur) pâle ou noir-sale qui agit quelquefois sur l'aiguille aimantée. L'Epidote manganésifère (de couleur rouge-cerise) fond aisément en bouillonnant et donne un verre noir brillant, et communique au verre de borax la couleur du manganèse au feu d'oxidation. Après avoir été rougie fortement ou fondue , la poudre fine donne une geléc avec l'acide hydro-chlorique. Bien clivable suivant deux directions qui font un angle de 115°.

$$\text{Grenat} = \dot{R}^3\,\ddot{S}i + \ddot{R}\,\ddot{S}i\,;\ \dot{R} = \dot{C}a,\ \dot{F}e,\ \dot{M}n,\ \dot{M}g\,;\ \ddot{R} = \dddot{F}e,\ \dddot{A}l,\ \dddot{M}n\,;$$

Vésuvienne $= \left.\begin{matrix} Fe \\ A \end{matrix}\right\}\,Si + C\,Si$ et *Cordiérite* $= f\,Si^a + 2\,Mg\,Si^2 + 8\,A\,Si$; ils sont pour la dureté entre le feldspath et la topaze. Le Grenat et la Vésuvienne fondent assez facilement , le premier tranquillement, le dernier en écumant. Le verre provenant du Grenat à base d'alumine et de fer, et du Grenat à base de fer et de chaux, est souvent magnétique. Le Grenat à base de manganèse colore le verre de borax en rouge-améthiste au feu d'oxidation. Tous deux, après avoir été fondus, sont solubles dans l'acide hydro-chlorique et donnent une gelée. —Le Grenat n'est pas clivable; la Vésuvienne est clivable suivant les surfaces d'un prisme carré.—La Cordiérite est difficilement fusible, même sur les bords minces, et donne un verre blanc. Elle est imparfaitement clivable suivant les surfaces d'un prisme rhomboïdal de 120°.

Emeraude $= G\,Si^4 + 2\,A\,Si^a,$ *Euclase* $= G\,Si^a +$ 2 A Si et *Grenat Syrien* $= \left.\begin{matrix} Mg \\ f \\ C \end{matrix}\right\}\,Si + A\,Si$; ils sont placés pour la dureté entre le quartz et la topaze. Ils sont très-réfractaires et ne fondent que lorsque l'on prend de minces éclats. L'Emeraude et l'Euclase deviennent blanc de lait en fondant. L'Emeraude fond sans se tuméfier, l'Euclase fond en se tuméfiant. L'Emeraude cristallise en prisme hexagonal et est assez bien clivable à la base. L'Euclase cristallise en prisme rhomboïdal oblique et est parfaitement clivable suivant les faces d'un prisme rectangulaire. Le Grenat syrien ne s'est trouvé jusqu'à présent qu'en grains rouge de sang transparens. Au commencement de la chaleur rouge il devient au chalumeau noir et opaque ; il se colore en noir par le refroidissement, et reprend à la fin sa couleur rouge et sa transparence. A un feu violent il donne un verre noir et communique aux fondans une couleur vert de chrôme. Il n'est pas clivable.

C. Minéraux infusibles.

1° *Minéraux qui, mouillés de la dissolution de cobalt et rougis, prennent une belle couleur bleue (quelques-uns doivent être rougis auparavant).*

Pour les minéraux durs et privés d'eau, qui rentrent dans cette division, la coloration se montre au mieux, si on les réduit en poudre fine, si on mouille celle-ci de la dissolution de cobalt et que l'on fasse rougir. La coloration paraît de suite après le refroidissement de la pièce d'essai.

a) Ceux-ci donnent beaucoup d'eau au chalumeau dans le tube :

Alunite $= \ddot{S} , \ddot{Al} , \dot{K} , \dot{H}$ et *Aluminite* $= \ddot{Al}\,\ddot{S} + 9\dot{H}$, donnent un sulfure lorsqu'on les fond sur le charbon avec la soude, ce qui n'a pas lieu pour les suivans. L'Aluminite est facilement soluble dans l'acide hydro-chlorique , l'Alunite n'est pas notablement attaquée. Après avoir été rougie , l'Alunite traitée par l'eau donne de l'alun qui , par une évaporation lente, cristallise en octaèdre.

Comparez avec l'alun II , B. II.) 2.).

Wavelite $= \ddot{Al}^4\,\dddot{P}^3 + 18\dot{H}$, *Allophane* $= \ddot{S}i , \ddot{Al} , \dot{H}$, *Ochran* (1) $= A\ Si + Aq$; ils colorent la flamme du chalumeau, le premier en vert-bleuâtre faible mais visible, les deux derniers en vert pur (à cause de la présence accidentelle du cuivre et de l'acide borique.) La Wavelite se dissout lentement dans l'acide hydro-chlorique , sans donner de gelée (elle est soluble dans la potasse caustique dissoute) ; l'Ochran se prend en gelée imparfaitement. La perte au rouge est de 21 %. L'Allophane se prend parfaitement en gelée ; la perte au rouge est de 40 %.

Pholérite $= \ddot{Al}\,\ddot{S}i + 2\dot{H}$, *Cimolite* $= A\ Si^3 + Aq$, *Kollyrite* $= \ddot{Al}^3\,\ddot{S}i^2 + 5\dot{H}$, *Kaolin* ou *Terre à porcelaine* (2) $= \ddot{S}i , \ddot{Al} , \dot{H}$; ils ne donnent pas de sulfure avec

---

(1) On doit placer près de l'Ochran , la Lenzinite , l'Halloïzite et plusieurs argiles lithomarges.

(2) Plusieurs espèces d'argiles qui ne sont pas encore

là soude et ne communiquent à la flamme aucune couleur. Fondus avec du sel de Phosphore, ils sont décomposés avec dépôt de silice.—La Kollyrite se dissout dans l'acide hydro-chlorique et laisse pour résidu de la silice gélatineuse. Perte au rouge 34 %.—La Pholérite, la Cimolite et le Kaolin sont difficilement attaqués par l'acide hydrochlorique ; le dernier (et la Pholérite?) sont parfaitement décomposés par l'acide sulfurique. La Pholérite forme avec l'eau une pâte, ce n'est pas le cas pour la Cimolite et le Kaolin.

Gibbsite = $\ddot{\overset{..}{Al}}\ \dddot{H}^3$ et *Alumine hydratée* = $\ddot{\overset{..}{Al}}\ \dot{H}$, se dissolvent dans le sel de phosphore sans résidu. L'Alumine hydratée ne se dissout pas dans l'acide hydro-chlorique, la Gibbsite au contraire est attaquée. L'Alumine hydratée décrépite dans le tube avec beaucoup de violence et tombe en écailles blanches ; elle perd au rouge 14 ¹/₂ %, la Gibbsite perd 34 ¹/₂ %.

Plomb gomme = $\dot{Pb}\ \dddot{Al}^2 + 6\dot{H}$, se gonfle au chalumeau et fond en partie à un feu violent, mais sans se liquéfier complètement.—Traité par la soude au chalumeau, il donne du plomb métallique.

b) Ceux-ci donnent peu d'eau dans le tube ou n'en donnent pas.

Lazulite = $\dddot{P}$, $\dddot{Al}$, $\dot{Mg}$, $\dot{H}$; elle colore en verdâtre fai-

---

suffisamment connus, se conduisent d'une manière pareille. Elles forment avec l'eau une masse pâteuse.

ble la flamme du chalumeau (1); elle se gonfle, se délite et tombe en petits morceaux. Elle perd elle-même sa couleur bleue au feu et devient blanche. Elle n'est pas attaquée immédiatement par les acides, et ne perd pas sa couleur bleue.

Talksteinmark = $\overset{...}{\text{Al}}{}^3\overset{...}{\text{Si}}{}^\bullet$ et *Talc glaphique* (2) = $\overset{...}{\text{Si}}$, $\overset{...}{\text{Al}}$, $\overset{.}{\text{Ka}}$, $\overset{..}{\text{H}}$; ils sont tous deux très-peu durs, à peu près comme le sel gemme et même plus tendres. Le Talksteinmark est en partie décomposé par les acides, le Talc glaphique n'est pas attaqué d'une manière notable.

Andalousite = $A^3\,Si^a$ et *Disthène* = $A^a\,Si$, ne sont pas ou presque pas attaqués par les acides. Au chalumeau ils sont décomposés par le sel de Phosphore et laissent pour dépôt un squelette de silice. Le Disthène est pour la dureté entre l'apatite et le quartz, et il est très-bien clivable suivant une direction. L'Andalousite est pour la dureté entre le quartz et la topaze, et est clivable (clairement dans quelques variétés) suivant les faces d'un prisme presque rectangulaire.

Corindon = $\overset{...}{\text{Al}}$, *Chrysobéril* = $A^4\,Si + 2\,G\,A^4$ et *Topaze* = $3\,\overset{...}{\text{Al}}\,\overset{..}{\text{Si}} + 4\,A\,F^a$ (?) ; ils ne sont pas attaqués par les acides. Les deux premiers (réduits en poudre) se dissolvent lentement, mais en entier, dans le sel de phos-

---

(1) Cette coloration est bien visible si on le mouille avant avec de l'acide sulfurique.

(2) L'on comprend probablement sous ces noms plusieurs substances différentes, car leur conduite chimique n'est pas la même.

phore ; avec la Topaze , il reste un squelette de silice non dissous et le verre devient opalin par le refroidissement. Le Corindon est pour la dureté tout à côté du diamant et a pour pesanteur spécifique de 3,9 à 4,0. Le Chrysobéril est pour la dureté entre la Topaze et le Corindon, pesanteur spécifique = 3,7. La Topaze est entre le quartz et le Corindon, pesanteur spécifique = 3,4 — 3,6. La Topaze se distingue aisément du Chrysobéril par son clivage parfait perpendiculairement à l'axe du prisme.

Tourmaline à lithine = $\ddot{Si}$, $\dddot{B}$, $\dddot{Al}$, $\ddot{Mn}$, $\dot{L}$, $\dot{K}$. La plupart de ces Tourmalines sont infusibles et deviennent blanches lorsqu'on les a chauffées. Mouillée avec la dissolution de cobalt, puis rougie, la poudre prend une couleur bleue. Fondue avec un mélange de chaux fluatée et de bi-sulfate de potasse , elle communique à la flamme une couleur verte passagère.

Comparez II. B. II.) 5.)

L'on remarque aussi pour quelques *Spinelles* et quelques *Amphygènes* que la poudre, mouillée de solution de cobalt, puis rougie, se colore en bleu.

Comparez 5.) et 6.)

Le bleu que donne la poudre fine de quartz avec la dissolution de cobalt se distingue des minéraux précédens par une légère teinte de rouge et par sa faible intensité.

Comparez 6.)

2° *Minéraux qui, humectés de solution de cobalt et rougis, prennent une couleur verte.*

Il suffit de chauffer au rouge la pièce d'essai humectée.

Les combinaisons d'oxide de zinc qui rentrent dans

cette division, laissent sur le charbon un dépôt jaune qui pâlit par le refroidissement.

Zinc carbonaté $=\dot{Z}n\ \ddot{C}$ et *Zinc carbonaté hydraté* $=$ $2\,\dot{Z}n\,\ddot{H}^3 + 3\,\dot{Z}n^2\,\ddot{C}$; ils se dissolvent aisément dans l'acide hydro-chlorique avec effervescence et dégagement d'acide carbonique. La dissolution donne avec l'ammoniaque un précipité soluble dans un excès. Le Zinc carbonaté ne donne pas d'eau dans le tube ou n'en donne que très-peu. Le Zinc carbonaté hydraté en donne beaucoup.

Le Silicate de zinc anhydre $=\dot{Z}n^3\ \ddot{\ddot{Si}}$ et le *Silicate de zinc hydraté* $=2\,\dot{Z}n^3\,\ddot{\ddot{Si}} + 3\,\dot{H}$; ils donnent avec l'acide hydro-chlorique une gelée parfaite. Le dernier donne de l'eau dans le tube, le premier n'en donne pas.

Comparez le *Zinc sulfaté* II. B. II.) 2.) et le *Zinc sulfuré* 4.)

3° *Minéraux qui, après avoir été rougis, ont une réaction alkaline et colorent en rouge-brun un papier de curcuma humide.*

Magnésie hydratée $=\dot{M}g\ \dot{H}$ et *Hydro-magnésite* $=\dot{M}g\,\dot{H}^4 + 3\,\dot{M}g\,\ddot{C}$; ils donnent beaucoup d'eau dans le tube, ce qui n'a pas lieu pour les suivans. La Magnésie hydratée se dissout aisément et tranquillement dans l'acide hydro-chlorique, l'*Hydro-magnésite* se dissout avec effervescence.

Chaux carbonatée $=\dot{C}a\ \ddot{C}$ et *Arragonite* $=\dot{C}a\ \ddot{C}$; mouillées d'une goutte d'acide hydro-chlorique, elles font toutes deux effervescence et se dissolvent même en gros morceaux, sans le secours de la chaleur. La dissolution concentrée donne avec l'acide sulfurique un précipité de sulfate de chaux, la dissolution étendue n'en donne point. L'Arragonite s'égrène sous le chalumeau et tombe en poussière. La Chaux carbonatée décrépite quelquefois, mais ne tombe pas en poussière comme l'Arragonite.

Chaux carbonatée magnésifère $= \dot{M}g\,\ddot{C} + \dot{C}a\,\ddot{C}$ et *Magnésie carbonatée* $= \dot{M}g\,\ddot{C}$; si on les humecte d'acide hydro-chlorique, ils ne font pas d'effervescence ou n'en font qu'une passagère, même s'ils sont réduits en poudre. Si l'on aide l'action par la chaleur, ils se dissolvent alors avec une vive effervescence. La dissolution concentrée de la Chaux carbonatée magnésifère donne avec l'acide sulfurique un précipité de sulfate de chaux, celle de Magnésie carbonatée n'en donne point. La Magnésie carbonatée se dissout en grande partie dans l'acide sulfurique, la Chaux magnésifère beaucoup moins. '

Strontiane carbonatée $= \dot{S}t\,\ddot{C}$; elle devient caustique lorsqu'on l'expose au chalumeau à une forte chaleur; elle brille en même temps d'une lumière blanche éblouissante et la flamme se colore en beau rouge-pourpre. Elle se dissout avec effervescence dans l'acide hydro-chlorique étendu. La dissolution fortement étendue, donne avec l'acide sulfurique un précipité de sulfate de Strontiane.

Voyez la Baryto-calcite II. B. II.) 1. b.)

Comparez le Manganèse carbonaté et le Fer carbonaté 4, qui ont aussi quelquefois une réaction alkaline après avoir été rougis.

4° Minéraux qui se dissolvent en entier ou en très-grande partie dans l'acide hydro-chlorique, sans donner de gelée ou sans laisser de résidu notable de silice.

Fer carbonaté $= \dot{Fe}\ddot{C}$, *Manganèse carbonaté* $= \dot{Mn}$ $\ddot{C}$ et *Cérium carbonaté* $= Ce^{*}\ddot{C} + 2\dot{H}$; ils se dissolvent avec effervescence dans l'acide hydro-chlorique (il faut chauffer) ; il se dégage de l'acide carbonique. Les suivans ne font pas d'effervescence. Le Fer carbonaté décrépite fortement au chalumeau , devient noir et fortement attirable à l'aimant. Il communique au verre de borax dans le feu d'oxidation une couleur vert-bouteille.—Le Manganèse carbonaté devient au chalumeau gris ou noir et souvent magnétique. Il colore le verre de borax au feu d'oxidation , en rouge–améthyste fortement prononcé.— Le Cérium carbonaté donne beaucoup d'eau dans le tube et devient en brûlant jaune–brunâtre. Il donne au verre de borax dans le feu d'oxidation une couleur rouge ou jaune foncé , qui pâlit en refroidissant.

Cobalt oxidé $= \dot{Co}. \dot{Mn}, \ddot{H}$; il donne avec le borax un beau verre bleu-saphir. Il donne ordinairement sur le charbon une faible odeur d'arsenic. Quelques variétés sont fusibles.

Urane oxidulé $= \dot{U}$ et *Urane oxidé* $= \ddot{U} + x\dot{H}$; ils donnent au chalumeau avec le sel de phosphore et dans le feu d'oxidation un verre jaune ; dans le feu de réduction, ils donnent un verre d'un beau vert. Ils sont solubles dans l'acide nitrique, et donnent un liquide jaune , dans lequel l'ammoniaque produit un précipité jaune-soufre. La couleur de l'Urane oxidulé est le noir de poix, celle de l'Urane oxidé (1) est le jaune.

---

(1) Quelques Uranes oxidés impurs sont fusibles.

Chrôme oxidé = $\overset{...}{Ch}$; il donne avec le sel de phosphore au feu d'oxidation et au feu de réduction un verre vert-émeraude. Il est soluble dans la potasse et donne une couleur verdâtre ; il se reprécipite de nouveau en faisant bouillir long-temps.

Zinc oxidé rouge = $\overset{.}{Zn}$, *Zinc sulfuré* = $\overset{\iota}{Zn}$, *Marmatite* = $\overset{\shortmid\shortmid}{Fe}$ + 3 $\overset{\shortmid\shortmid}{Zn}$. Le Zinc oxidé est très-soluble dans l'acide hydro-chlorique et sans dégagement de gaz. La dissolution donne avec l'ammoniaque un précipité blanc qui se redissout dans un excès. Sa couleur est le rouge-rose. (On le trouve dans la nature , mélangé avec l'oxide de manganèse, et de là vient qu'il communique au verre de borax une couleur améthyste.)—Le Zinc sulfuré et la Marmatite sont en grande partie décomposés par l'acide hydro-chlorique et dégagent de l'hydrogène sulfuré. L'acide nitrique concentré le dissout en laissant un dépôt de soufre. La dissolution de Zinc sulfuré pur donne avec l'ammoniaque un précipité qui se redissout en grande partie dans une excès , ou laisse pour résidu quelques flocons rouges d'oxide de fer. La dissolution de Marmatite laisse un résidu notable d'oxide de fer. La Marmatite est décomposée plus aisément que le Zinc sulfuré par l'acide hydro-chlorique.

Fluorure neutre de cérium = Ce F et *Fluorure basique* = $\overset{}{Ce}$ F³ + $\overset{...}{Ce}$ $\overset{..}{H}$; traités par l'acide sulfurique , ils dégagent de l'acide hydro-fluorique. Le Fluorure basique perd sur le charbon sa couleur jaune, paraît noir lorsqu'il est près de la chaleur rouge, et devient par le refroidissement brun foncé , beau rouge , et enfin jaune foncé. Le Fluorure neutre ne montre pas les mêmes changemens, et se colore seulement d'une manière un peu plus foncée. Tous deux se dissolvent dans le borax au feu d'oxidation et donnent un verre rouge ou jaune foncé , dont la couleur pâlit en refroidissant et devient finalement jaune. Le verre peut devenir blanc d'émail au flamber.

5° *Minéraux qui donnent une gelée avec l'acide hydrochlorique , ou qui sont décomposés avec séparation de silice , sans donner de gelée.*

Ils ne présentent pas les caractères des numéros précédens.

a) Ceux qui donnent de l'eau dans le tube :

Dioptase $= \dot{C}u^3 \ddot{\dot{S}}i^2 + 3\dot{H}$ et *Cuivre hydro-siliceux* $= \dot{C}u^3 \ddot{\dot{S}}i^2 + 6\dot{H}$. Traités au chalumeau par la soude , ils donnent en bouillonnant un verre qui renferme un grain de cuivre ductile. La Dioptase forme avec les acides une gelée parfaite. Le Cuivre hydro-siliceux est décomposé sans donner de gelée.

Thorite $= Th^3 \ddot{\dot{S}}i + 3\dot{H}$ et *Cérite* $= \dot{C}e^3 \ddot{\dot{S}}i + 3\dot{H}$. Traités par la soude ils ne donnent pas de grain de cuivre, et donnent une gélée . Ils sont solubles au chalumeau dans le borax. Avec la Cérite on obtient au feu d'oxidation un verre jaune foncé qui devient plus clair en se refroidissant et qui peut *devenir opaque au flamber*. Avec la Thorite on obtient un verre coloré par le fer et par le manganèse en rouge-améthyste si l'on ajoute du salpêtre ; ce verre ne devient pas opaque au flamber , mais le devient de lui-même par une addition un peu forte.

b) Ceux qui ne donnent pas d'eau dans le tube ou n'en donnent que des traces :

Gadolinite $= 8$ Y Si $+$ f• Si$+$ ce• Si , forme avec l'acide hydro-chlorique une gelée parfaite. La dissolution acide donne , après la séparation de la silice , un précipité abondant avec l'ammoniaque. Traitée par l'acide sulfurique , la Gadolinite ne dégage pas d'acide hydro-fluorique. Quelques variétés présentent au chalumeau un éclat rouge particulier et se tuméfient. Quelques-unes ne s'arrondissent qu'avec peine sur les bords très-aigus. (Non clivable , cassure conchoïdale.)

Chondrodite $= 4$ Mg³ Si $+$ Mg F , donne une gelée avec l'acide hydro-chlorique. La dissolution acide , après la séparation de la silice , ne donne pas de précipité avec l'ammoniaque , ou n'en donne qu'un très-faible. Avec l'acide sulfurique, elle laisse dégager de l'acide hydro-fluorique. (Elle est imparfaitement clivable suivant plusieurs directions.)

Amphygène $=$ K Si² $+$ 3 A Si², est décomposée par l'acide hydro-chlorique , sans donner de gelée , et laisse un dépôt de silice en poudre fine. (Quelques variétés sont fusibles si l'on ne prend que de très-minces éclats.)— Plusieurs donnent un beau bleu avec la solution de Cobalt.

6° *Enfin les espèces restantes qui ne rentrent pas dans les divisions précédentes sont :*

Diamant $=$ C , suffisamment caractérisé par sa dureté , laquelle surpasse celle du corindon.

Acide tungstique $=$ W , se dissout dans la potasse caustique. La dissolution donne avec l'acide nitrique un précipité blanc , qui prend par l'ébullition une couleur jaune-citron. Traité au chalumeau par le sel de phosphore, il donne au feu d'oxidation un verre incolore ou jaune, et au feu de réduction un verre bleu ou vert, surtout si l'on ajoute de l'étain.

Etain oxidé $= \ddot{S}n$; chauffé au chalumeau sur le charbon, seul ou bien avec un peu de soude, dans un feu de réduction bon et soutenu, il se réduit en étain métallique.

Anatase et *Rutile* $= \dot{T}i$; ils se dissolvent difficilement dans le sel de posphore et lui communiquent au feu de réduction une conleur rouge-carmin, qui devient bleue ou violette par l'addition d'un peu d'étain. L'Anatase chauffé seul donne souvent un verre bleu. L'Anatase est parfaitement clivable suivant les faces d'une pyramide à base carrée dont les angles latéraux sont de $126°$ 22!, le Rutile est clivable suivant les faces d'un prisme octogone régulier. La dureté de l'Anatase est entre celles de l'Apatite et du Feldspath, celle du Rutile est entre le Feldspath et le Quartz.

Spinelle $= \dot{M}g\ \ddot{A}l, \begin{matrix}\dot{M}g \\ \dot{F}e\end{matrix}\Big\} \ddot{A}l$; réduit en poudre, il se dissout aisément et en entier dans le sel de phosphore, et donne un verre coloré par le fer et en vert par le chrôme. Plusieurs variétés donnent une masse bleue avec la solution de cobalt. Il se rencontre presque toujours cristallisé en octaèdre. Il est pour la dureté entre le Quartz et le Corindop.

Spinelle zincifère $= \begin{matrix}\dot{Z}n \\ \dot{M}g\end{matrix}\Big\} \ddot{A}l$, presque insoluble dans le borax et le sel de phosphore. La poudre fine traitée par la soude sur le charbon donne à un bon feu de réduction un dépôt annulaire d'oxide de zinc (qui est jaune à chaud et qui pâlit par le refroidissement). Il est pour la dureté entre le quartz et la topaze. Il cristallise en octaèdres.

Chrysolite $= \left.\begin{matrix} Mg \\ f \end{matrix}\right\}$ Si, *Talc* $=$ Mg^2 Si^5 et *Stéatite* $=$ Mg^2 Si^5 $+$ $^2/_3$ Aq (?) ; ils sont décomposés par le sel de phosphore avec séparation d'un squelette de silice.— La Chrysolite est parfaitement décomposée par l'acide sulfurique, et laisse un dépôt de silice en poudre fine. Les autres ne sont pas attaqués et sont faciles à distinguer des précédens et des suivans par sa faible dureté, qui est inférieure à celle du gypse.

Staurotide $=$ 3 A Si $+$ Fe A^2 et *Zircon* $=$ Zr Si ; ils sont insolubles ou difficilement solubles dans le sel de phosphore. La Staurotide chauffée au rouge conserve sa couleur ou devient plus foncée et noire. Le Zircon au contraire devient incolore (hyacinthe) ou devient blanc. Ils ne se dissolvent pas dans la soude ou donnent une scorie impure.

Quartz $=$ S̈i (Calcédoine, Quartz agathe, Silex pyromaque, etc.) et *Opale ;* ils sont insolubles dans le sel de Phosphore. Chauffés avec la soude (dont on ne doit pas ajouter une trop grande quantité), ils fondent aisément en bouillonnant et donnent un verre clair. Inattaquables par les acides. (Il est pour la dureté entre le feldspath et la topaze.) L'Opale donne beaucoup d'eau dans le tube et est plus tendre que le quartz.

Phosphate d'Yttria $=$ Ẏ^3 P̈. Humecté d'acide sulfurique, puis chauffé au chalumeau, il colore la flamme en verdâtre pâle, et est difficilement mais en entier soluble dans le sel de phosphore. Il est pour la dureté entre la chaux fluatée et le feldspath.

Comparez l'Yttertantal I. B. 3, et pour leur difficile fusibilité , l'Emeraude , l'Euclase , la Chlorite II. B. II.) 5.)

ERRATA.

Page 11, ligne 2, *à la place de* état   *lisez* éclat.

			à la place de	lisez
—	14,	— 13,	—	$2\overset{\text{\tiny I}}{C}u^4$	— $2\overset{\text{\tiny I}}{\text{Є}}u^4.$
—	*Id.*,	— *Id.*,	—	$\overset{\text{\tiny I}}{A}g^9\,\overset{\text{\tiny I}}{C}u^9$ — $\overset{\text{\tiny I}}{A}g^9\,\overset{\text{\tiny I}}{\text{Є}}u^9.$
—	30,	— 8,	—	pris — gris.
—	31,	— 24,	—	$\dot{Y}$ ⎫ — $\dot{Y}^6$ ⎫
				$\dot{C}e$ ⎭ $\dot{C}e^6$ ⎭
—	48,	— 18,	—	lavarde — lavande.
—	*Id.*,	— 20,	—	Si f K Aq — Si, f, K, Aq.
—	62,	— 26,	—	III. 5. 6 — C, 5. b.

M. Kobell m'a prié d'insérer dans l'édition française les petites observations suivantes. L'impression déjà commencée m'a empêché de les intercaler dans le texte :

« L'on a oublié par méprise, dans la seconde édition alle-
» mande, l'*Argent sulfuré* (Glazerz, Argyrose de Beudant);
» sa formule est $\overset{1}{\text{Ag}}$ ou Ag S ; il doit être placé à la page
» 25 , avant le Sulfure de bismuth, et il est très-aisé à
» distinguer, parce qu'il est très-facile à réduire par la
» Soude en un grain d'argent.—Plus loin , il faut joindre
» l'*Alun potassique* au Sulfate de magnésie, et aux autres
» sulfatés indiqués page 50 , puisqu'il donne la réaction
» alkaline après avoir été rougi fortement.—L'Alun am-
» moniacal doit rester à sa place.—Enfin, on pourrait pla-
» cer l'*Yttro-cérite* , qui ne contient pas de mélange de
» Chaux fluatée et qui est infusible , page 74 , à la fin du
» numéro 3.

» Signé Fr. de Kobell. »

(*Note du Traducteur.*)

I. Minéraux avec éclat métallique.

Minéraux qui se distinguent aisément des autres par leurs propriétés physiques. P. 12—14.
- Mercure natif. / Cuivre natif. / Fer natif.
- Argent natif. / Plomb natif.
- Or natif ou or argental. / Platine natif et Palladium.

A. Fusibles ou aisément volatils.

1° Minéraux qui dégagent au chalumeau sur le charbon une forte odeur alliacée d'arsenic. P. 14—16.
- Arsenic natif. / Polybasite. / Nickel arsénical.
- Arséniure de Bismuth. / Cobalt arsénical. / Arsénio-sulfure de nickel.
- Cuivre gris. / Cobalt gris. / Fer arsénical.

2° Minéraux qui chauffés au chalumeau sur le charbon ou dans un tube ouvert dégagent une forte odeur de raifort due au sélénium. P. 16—17.
- Séléniure de mercure. / Séléniure de plomb. / Eukairite.
- Séléniure d'argent et de plomb. / Séléniure de cuivre.
- Séléniure d'argent. / Séléniure de plomb et de cuivre.

3° Minéraux qui donnent au chalumeau dans le tube ouvert un dépôt blanc ou grisâtre qui fond en gouttes incolores si l'on chauffe dessus. P. 17—19.
- a) Couleur blanc d'étain ou blanc d'argent. — Tellure natif. / Tellurure de plomb. — Tellurure d'argent. / Tellure blanc. — Tétradymit. / Tellure auro-plombifère.
- b) Couleur gris de plomb ou gris d'acier. — Tellure auro-argentifère.

4° Minéraux qui dégagent au chalumeau une forte odeur d'arsenic. P. 19—23.
- Antimoine natif. / Bournonite. / Myargyrite.
- Antimoine sulfuré. / Antimoniure d'argent. / Nickel arsénical antimonifère.
- Zinkénite. / Sprödglaserz. / Antimoniure de nickel.
- Jamésonite. / Cuivre gris argentifère. / Berthiérite.

5° Minéraux qui au chalumeau donnent un sulfure avec la soude et ne présentent pas les caractères des numéros précédens. P. 23—26.
- Cuivre sulfuré. / Sulfure de cuivre ferrifère. / Pyrite magnétique.
- Sulfure d'argent et de cuivre. / Sulfure de plomb cuivreux. / Stronbergite.
- Etain sulfuré cuprifère. / Sulfure de nickel. / Sulfure de Bismuth.
- Sulfure de cuivre et de Bismuth. / Sulfure de Cobalt. / Plomb sulfuré.
- Cuivre pyriteux jaune. / Fer sulfuré jaune.

6° Minéraux qui ne rentrent pas dans les divisions précédentes. P. 26—27.
- Amalgame. / Wolfram.
- Bismuth natif. / Silicate de manganèse noir.

B. Infusibles.

1° Min. qui mélangés en très-petite quantité avec le verre de borax lui donnent une couleur rouge-améthiste au feu d'oxidation. P. 27—28.
- Deutoxide de manganèse anhydre. / Deutoxide de manganèse hydraté. / Peroxide de manganèse anhydre.
- Oxide rouge de mangan. anhydre. / Manganèse oxidé baritifère.

2° Min. qui chauffés au rouge sur le charbon au feu de réduction agissent sur l'aiguille aimantée, ou bien agissent sans opération préalable. P. 28—30.
- Franklinite. / Oxide de fer rouge. / Ménakanite.
- Fer oxidulé. / Martite. / Libdélophan.

3° Minéraux que l'on doit placer à la suite des précédens. P. 30—32.
- Fer chromaté. / Yttertantal. / Graphite.
- Tantalite. / Molybdène sulfuré. / Osmiure d'Iridium.

II. Minéraux sans éclat métallique.

A. Volatilisables ou inflammables au chalumeau. P. 33—35.
- Soufre. / Oxide d'antimoine. / Sulfate d'ammoniaque.
- Realgar. / Antimoine oxidé sulfuré. / Cinabre.
- Orpiment. / Sel ammoniac. / Chlorure de mercure.

B. Fusibles ou non, ou volatils seulement en partie.

I. Ceux qui chauffés au chalumeau, seuls ou avec la soude sur le charbon, donnent un grain métallique, ou une perle qui agit sur l'aiguille aimantée.

1° Minéraux qui chauffés au chalumeau seuls ou avec la soude donnent un grain d'argent. P. 35—36.
- Argent arsénié sulfuré. / Chlorure d'argent. / Argent carbonaté.
- Argent sulfuré antimonié brun. / Iodure d'argent.

2° Minéraux qui chauffés au chalumeau seuls ou avec la soude donnent un grain de plomb. P. 36—39.
- Plomb arséniaté. / Chlorure de plomb. / Plomb molybdaté.
- Plomb chloro-phosphaté. / Plomb chloro-carbonaté. / Tungstate de plomb.
- Minium. / Plomb carbonaté Rhomboïdal. / Vauquelinite.
- Plomb chromaté. / Plomb sulfo-carbonaté. / Vanadate de plomb.
- Mélanochroïte. / Plomb sulfaté.

3° Minéraux qui mouillés d'acide hydro-chlorique communiquent à la flamme du chalumeau une belle couleur bleue et donnent avec l'acide nitrique une dissolution bleu de ciel qui devient bleu d'azur par un excès d'ammoniaque.
- a) Ceux qui dégagent au chalumeau une forte odeur arsénicale. P. 39—40.
  - Condurrite. / Kupferglimmer. / Erinite.
  - Olivenite. / Linsenerz.
  - Kupferschaum. / Euchroïte.
- b) Ceux qui ne dégagent au chalumeau aucune odeur arsénicale. P. 40—42.
  - Cuivre muriaté. / Oxide de cuivre rouge. / Cuivre carbonaté anhydre.
  - Cuivre sulfaté. / Oxide de cuivre noir. / Cuivre phosphaté octaédrique.
  - Sous-sulfate de cuivre. / Malachite. / Id. prismatique oblique.
  - Cuivre vitreux. / Cuivre carbonaté bleu. / Urane phosphaté cuprifère.

4° Minéraux qui donnent au verre de borax une belle couleur bleu-saphir. P. 42—43.
- Cobalt arséniaté. / Nickel arséniaté.
- Arsénite de Cobalt.

5° Minéraux qui fondus sur la pince ou sur le charbon au feu de réduction donnent une masse noire qui agit sur l'aiguille aimantée sans appartenir aux divisions précédentes.
- a) Ceux qui dégagent en fondant une forte odeur d'arsenic. P. 43—44.
  - Fer oxidé résinite. / Skorodite.
  - Fer arséniaté.
- b) Ceux qui se dissolvent dans l'acide hydro-chlorique sans laisser de résidu sensible et sans donner de gelée. P. 44—47.
  - Fer oxidé hydraté rouge. / Huranlite. / Vivianite.
  - Id. brun. / Hétérozite. / Fer phosphaté d'anglar.
  - Fer sulfaté. / Manganèse phosphaté ferrifère. / Fer phosphaté vert.
  - Vitriol rouge. / Triphyline. / Fer carbonaté (qq. variétés).
- c) Ceux qui donnent une espèce de gelée avec l'acide hydro-chlorique ou sont aisément décomposés avec séparation de silice. P. 47—48.
  - Cronstedtite. / Thraulite.
  - Liévrite. / Fer muriaté.
  - Allanite.
- d) Ceux qui ne sont que faiblement attaqués par l'acide hydro-chlorique ou ne sont qu'incomplètement décomposés. P. 48-49.
  - Krokydolite. / Aclimite.
  - Terre verte.

6° Minéraux qui ne rentrent pas dans les divisions précédentes. P. 49—50.
- Acide molybdique.
- Wismuth-blende.

II. Minéraux qui fondus seuls, ou avec la soude, ne donnent pas de grain magnétique ni de masse qui agissent sur l'aiguille aimantée.

1° Minéraux qui après avoir été fondus et rougis long-temps sur le charbon ou la pince, ont une réaction alkaline et brunissent le curcuma.
- a) Ceux qui sont solubles aisément et en entier dans l'eau. P. 50—51.
  - Nitrate de potasse. / Sulfate de soude. / Sel gemme.
  - Nitrate de soude. / Sulfate de potasse. / Tinkal.
  - Carbonate de soude. / Sulfate de magnésie.
- b) Ceux qui sont insolubles ou difficilement solubles dans l'eau. P. 51—53.
  - Gay-Lussite. / Anhydrite. / Baryte sulfatée.
  - Baryte carbonatée. / Polyhallite. / Strontiane sulfatée.
  - Baryto-calcite. / Glaubérite. / Chaux fluatée.

2° Minéraux qui sont solubles dans l'acide hydro-chlorique (quelques-uns même aussi dans l'eau) sans laisser de résidu visible. La dissolution ne forme pas de gelée. P. 53—56.
- Chaux arséniatée. / Magnésie boratée. / Kryolite.
- Alun. / Hydro-boracite. / Amblygonite.
- Sulfate de zinc. / Wagnérite. / Ytro-cérite.
- Acide borique. / Apatite. / Phosphate d'urane calcifère.

3° Minéraux qui sont solubles dans l'acide hydro-chlorique et donnent une gelée complètement ferme.
- a) Ceux qui donnent de l'eau dans le tube. P. 56—57.
  - Natrolite. / Skolézite. / Gismondine.
  - Mésole. / Laumonite. / Datolite.
- b) Ceux qui ne donnent pas d'eau dans le tube ou n'en donnent que des traces. P. 57—59.
  - Hauyne. / Sodalite. / Méionite.
  - Spinelane. / Eudyalite. / Mellilite.
  - Lazurstein. / Wollastonite. / Gehlénite.
  - Grenat tétraédre. / Néphéline. / Humboldtilite.

4° Minéraux qui se dissolvent dans l'acide hydro-chlorique en laissant un dépôt de silice, et cela sans former de gelée parfaite.
- a) Ceux qui donnent de l'eau dans le tube sous le chalumeau. P. 59—62.
  - Apophyllite. / Dalliage métalloïde. / Epistilbite.
  - Pretolite. / Pyrosklérite. / Brewstérite.
  - Okénite. / Chonikrite. / Analcime.
  - Ecume de mer. / Stilbite. / Chabasie.
  - Serpentine. / Desmine. / Prehnite.
- b) Ceux qui ne donnent pas d'eau dans le tube ou seulement des traces. P. 62.
  - Paranthine. / Labradorite.
  - Porcellanspath. / Anorthite.

5° Minéraux qui ne rentrent pas dans les divisions précédentes. P. 62—68.
- Scheelin calcaire. / Tourmaline. / Albite.
- Mica à un axe. / Harmotome. / Epidote.
- Mica à deux axes. / Karpholite. / Grenat.
- Lépidolite. / Silicate rouge de manganèse. / Vésuvienne.
- Chlorite. / Amphibole. / Cordiérite.
- Petalite. / Augite. / Emeraude.
- Triphane. / Sphène. / Enclase.
- Axinite. / Feldspath adulaire. / Grenat syrien.

C. Infusibles.

1° Minéraux qui mouillés de la solution de cobalt et rougis prennent une belle couleur bleue. P. 68—72.
- a) Ceux qui donnent beaucoup d'eau, au chalumeau dans le tube. P. 69—70.
  - Alunite. / Ochran. / Kaolin.
  - Aluminite. / Pholérite. / Gibbsite.
  - Wavellite. / Cimolite. / Alumine hydratée.
  - Alloplane. / Kollyrite. / Plomb gomme.
- b) Ceux qui donnent peu d'eau dans le tube, ou n'en donnent pas. P. 70—72.
  - Lazulite. / Andalousite. / Chrysobéril.
  - Tokhstein mark. / Disthène. / Topaze.
  - Talc graphique. / Corindon. / Tourmaline à lithine.

2° Minéraux qui humectés de solution de cobalt et rougis prennent une couleur verte. P. 72—73.
- Zinc carbonaté. / Silicate de zinc anhydre.
- Zinc carbonaté hydraté. / Id. hydraté.

3° Minéraux qui après avoir été rougis ont une réaction alkaline et colorent en rouge-brun un papier de curcuma humide. P. 73—74.
- Magnésie hydratée. / Arragonite. / Strontiane carbonatée.
- Hydro-magnésite. / Chaux carbonatée magnésifère.
- Chaux carbonatée. / Magnésie carbonatée.

4° Minéraux qui se dissolvent en entier ou en très-grande partie dans l'acide hydro-chlorique sans donner de gelée ni de résidu notable de silice. P. 74—77.
- Fer carbonaté. / Urane oxidulé. / Zinc sulfuré.
- Manganèse carbonaté. / Urane oxidé. / Marmatite.
- Cérium carbonaté. / Chrome oxidé. / Fluorure acide de cérium.
- Cobalt oxidé. / Zinc oxidé rouge. / Fluorure basique de cérium.

5° Minéraux qui donnent une gelée avec l'acide hydro-chlorique ou qui sont décomposés avec séparation de silice sans donner de gelée.
- a) Ceux qui donnent de l'eau dans le tube. P. 77.
  - Dioptase. / Thorite.
  - Cuivre hydro-silleux. / Cérite.
- b) Ceux qui ne donnent pas d'eau ou seulement des traces. P. 77—78.
  - Gadolinite. / Amphigène.
  - Chondrodite.

6° Minéraux qui ne rentrent pas dans les divisions précédentes. P. 78.
- Diamant. / Rutile. / Staurotide.
- Acide tungstique. / Spinelle. / Zircon.
- Etain oxidé. / Spinelle zincifère. / Quarz et opale.
- Anatase. / Chrysolite. / Yttria phosphaté.